LA CUISINE

DE SANTÉ.

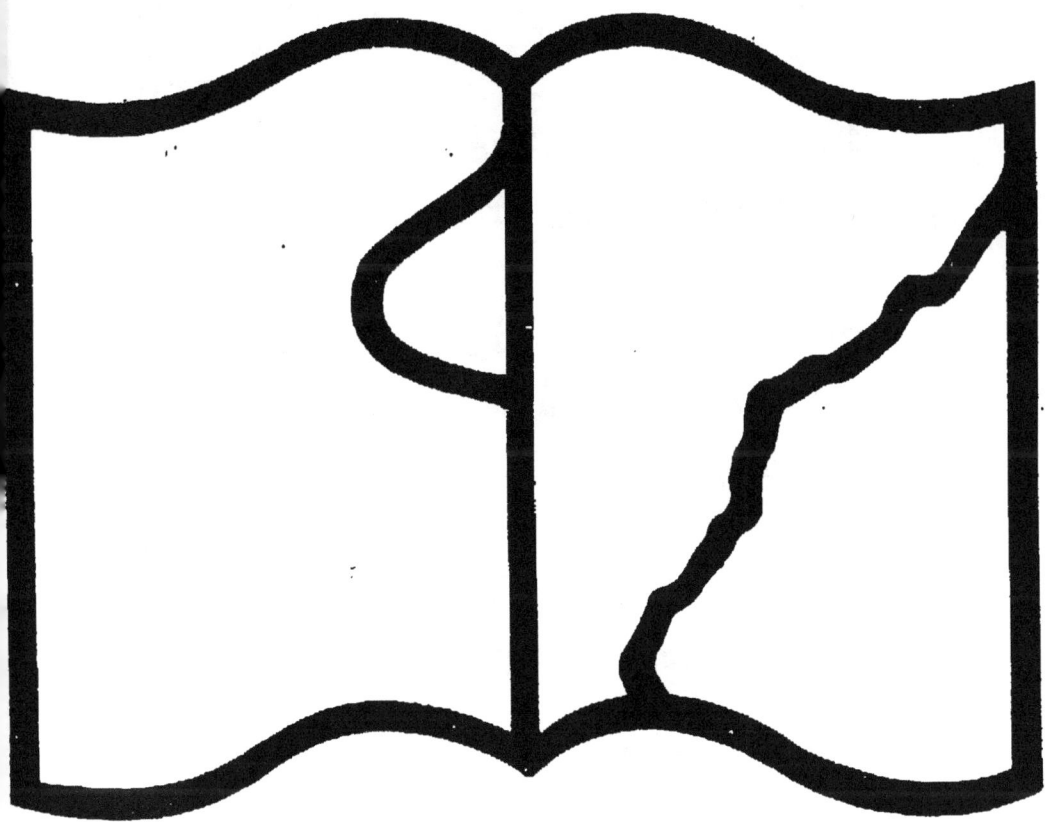

Texte détérioré – Reliure défectueuse
NF Z 43-120-11

Conforme à l'original

La Pâtisserie de Santé , ou moyens sûrs & faciles d'exécuter sans aucun maître tous les genres de pâtisseries les plus estimées en France & en Italie ; ouvrage destiné à l'instruction des gens de l'art , à l'agrément des seigneurs , des curés de campagne , & à la conservation de la santé , in-12 ; 2 vol. avec une planche ; brochés , 5 liv. ; reliés , 6 liv.

La Santé de Mars , ou moyens de conserver la santé des soldats , en tems de paix, d'en fortifier la vigueur en tèms de guerre , d'assurer la salubrité des hôpitaux militaires , &c., vol. in-12 de plus de 600 pages , avec une planche ; prix, 3 liv. broché ; 3 liv. 12 sols relié.

LA CUISINE
DE SANTÉ,

Ou moyens faciles & économiques de préparer toutes nos Productions Alimentaires de la maniere la plus délicate & la plus salutaire, d'après les nouvelles découvertes de la Cuisine Françoise & Italienne.

Par M. Jourdan le Cointe, Docteur en Médecine ; revue par un Praticien de Montpellier.

Ouvrage destiné à l'instruction des Gens de l'Art, à l'amusement des Amateurs, & particuliérement à la conservation de la Santé.

TOME PREMIER.

A PARIS,

Chez Briand, Libraire, rue Pavée Saint-André-des-Arts, n°. 22.

1790.

OBSERVATIONS

ALIMENTAIRES.

Parmi le nombre des caufes multipliées qui concourent à détruire la
fanté des hommes, la plus générale,
& la plus fertile à engendrer toutes
les maladies humaines, c'eft la mauvaife qualité de nos alimens, occa-
fionnée par la méthode pernicieufe
de les préparer ; & c'eft pourtant la
feule à laquelle on n'a point encore
cherché à remédier.

Un Ebénifte met plus de foin à
faire fa colle au bain-marie ; que
nous n'en mettons à préparer les alimens deftinés à conferver nos jours ;
& par une inconféquence meurtriere
à l'efpece humaine, on n'a pu fe réfoudre encore à faire pour fa fanté,

ce que nous faifons tous les jours pour
une table ou une tabatiere. On diroit,
à nous voir, que l'exiftence ne nous
femble qu'une chimere, qui mérite
moins d'attentions qu'une chiffo-
niere.

Toutes les obfervations alimentaires de nos habiles Médecins, fe font
réunies à indiquer le régime le plus
convenable à prévenir une maladie
qui nous menace, ou le plus propre à
détruire les caufes morbifiques qu'en-
trainet la bonne chere & l'abus de la
table, ou des accidens journaliers :
tous ont généralement blâmé l'ufage
des alimens préparés d'une maniere
dangereufe, mais aucun n'a encore
recherché ni tenté des expériences
fuivies fur cette partie importante à
notre confervation ; aucun n'a eu fans
doute affez de loifirs pour en facri-
fier quelques-uns à faire une exacte
analyfe de nos productions ufuelles,

& calculer suivant les principes d'une physique sage & judicieuse , les préparations les plus analogues à la santé humaine, relativement à la différence des âges , du sexe , du tempérament, des climats , des saisons , &c. &c. &c.

Quoique cette étude soit peu piquante à décrire , son importance & son utilité m'ont paru mériter l'attention la plus sérieuse des observateurs, & je me suis trouvé naturellement entraîné à les suivre , par des circonstances heureuses dont j'ai recueilli beaucoup de santé & d'agrément. Né d'une complexion délicate , que des études forcées avoient encore plus affaiblie , je me suis vu à trente-deux ans accablé d'une langueur cruelle , qui ne me laissoit espérer qu'une courte carriere : mon estomac ne digéroit plus aucune espece d'alimens composés ou travaillés par nos meilleurs Cuisiniers. J'étais si ennuyé d'une exiſtence ſouffrante, que pour diſſiper ma triſteſſe, mécontent de ce que mes alimens n'étoient pas préparés à ma fantaiſie, j'eſſayai de les préparer moi-même, ſous un bon Cuiſinier qui dirigea mes premiers eſſais.

Lorſque j'eus acquis quelques connoiſſances dans l'art de la cuiſine moderne, je tentai de nouvelles expériences, en retranchant d'un ragoût ce qui me paroiſſoit nuiſible à ma ſanté, & y ajoutant ce que je ſavois être plus favorable; & toutes les fois que j'obtenois des réſultats heureux, j'en écrivois ſur le champ les procédés, afin de m'y conformer par la ſuite.

Après quinze ou ſeize ans d'expériences & d'analyſes ſur nos préparations alimentaires dans tous les genres, je me ſuis trouvé avoir recueilli une immenſité d'obſervations ſur cette matiere importante à notre conſerva-

tion ; & ce qui me flatta plus encore,
c'eſt qu'en ſuivant journellement les
procédés que j'avois corrigés ou chan-
gés, j'ai acquis une ſanté plus forte,
mes nerfs ont eu plus de vigueur, &
mon eſtomac digéroit parfaitement
les mêmes mêts auxquels il ſe refuſoit
autrefois ; enfin, je jouis de la certitude d'avoir rétabli ma conſtitution,
prolongé mon exiſtence, en jouiſ-
ſant chaque jour avec une ſage modération, de tous les délices d'une
table ſaine, reſtaurante & délicate.

Comme l'heureux ſuccès de mes
expériences alimentaires, étoit fondé
ſur les principes de la phyſique humaine, & de l'art de prolonger la
ſanté ou d'en guérir les cauſes deſtruc-
tives, j'ai cru qu'il était du devoir
d'un praticien qui s'eſt attaché à cette
partie, de mettre au jour un précis
des obſervations les plus ſûres que
j'avais recueillies ſur cet objet. J'ai

donc fait un extrait succinct, mais
complet, sur toutes les préparations
de la cuisine moderne ; avec la ma-
nière d'en prévenir les abus, d'en
corriger les influences, & d'en aug-
menter la délicatesse & la salubrité.

C'est un sujet neuf, qu'aucun amateur n'a encore traité dans ce siecle.
Vivement pénétré de son étendue,
encouragé par son immense fécon-
dité, j'ai osé l'entreprendre sans consulter mes forces. Quoique mes expériences fructueuses sur cette partie,
m'aient donné les résultats les plus
satisfaisans, je n'eus peut-être jamais
osé les écrire : ce sont leurs succès évidens qui m'ont décidé, par recon-
naissance, à les produire au jour,
dans l'espoir que le vif intérêt que
leur utilité m'inspire, trouvera quelqu'indulgence chez mes Lecteurs ; &
engagera peut-être un Médecin plus
éclairé que moi, à suivre & à rectifier

De toutes les connaissances nécessaires à l'humanité souffrante, la plus agréable, la plus importante à la conservation des hommes & à la perpétuité de toutes les jouissances de la nature, c'est la parfaite connaissance des alimens destinés à former notre constitution, à fortifier tous nos membres, à ranimer ces organes destinés à la perfection des sens, & à être les médiateurs des talens, de l'esprit, du génie, &c. &c. &c. C'est du suc exprimé de nos fluides alimentaires, qu'est formé le tissu de notre frêle machine ; c'est au chyle qui en provient, que notre sang, nos chairs, nos nerfs, nos organes & tous nos sens doivent leur existence & leur sensibilité. Nos alimens sont-ils sains, restaurans, faciles à digérer, le corps qui les reçoit, croît, embellit & multiplie toutes ses forces, ses sentimens, ses plaisirs ; sont-ils mal prépa-

res, indigeftes, mal-fains, le corps
féche, languit, s'épuife dès fon printems, & perd chaque jour fa force,
fes facultés, & toutes les jouiffances
agréables, fous le poids accablant
d'une fenfibilité douloureufe, & le
défefpoir continuel d'une exiftence
mourante.

Combien de fois n'ai-je pas gémi,
en voyant tous les abus intolérables
dont nous fommes tous les jours ef-
claves! Un des plus révoltans, c'eft
de voir le plus pauvre payfan du
Royaume, choifir avec un foin extrême, le foin, le grain & les pâturages deftinés à la nourriture de fes
beftiaux, veiller & foigner attentive-
ment leur préparation; fi leur bœuf
eft malade, courir à dix lieues à la
ronde, fe procurer à grands frais
l'avis d'un Maréchal-Expert, & payer
fouvent très-cher le remede néceffaire
au rétabliffement d'un feul animal.....

tandis que ce même paysan refuse à
son propre corps un pain & une boisson salutaires à la conservation de sa
santé, pour avoir souvent des objets
de luxe ou de pure frivolité.

Combien de gens riches sacrifient
tous les ans des sommes considérables
pour l'entretien de leurs chevaux,
tandis qu'ils ne font aucune attention
aux dangereuses influences de cette
foule d'alimens qu'on présente si pompeusement sur leurs tables. C'est alors
qu'Hecquet auroit bien raison de s'écrier encore, en voyant les cuisines
de ces opulens: *Viens, mon ami, que
je t'embrasse ; c'est à ton art que je dois
mes talens & mes richesses ; sans toi &
tes pareils, je ne serois rien.* Aussi étoit-
il sobre. Il ne mangeoit que de deux
ou trois plats à chaque repas ; & lorsqu'on lui reprochoit un ordinaire si
peu analogue à sa grande fortune,
il répondoit: *Quand je vois cinquante*

plats sur la table d'un riche, je crois
voir sous l'un la goutte, sous un autre la pierre, sous celui-ci la paralysie,
& sous celui-là l'éthisie. Et dans le
vrai, il avoit bien raison ; car c'est
du mélange des alimens, & de
leurs préparations nuisibles & dangereuses, que résultent tous ces engorgemens intérieurs, foyers invisibles,
qui engendrent presque toutes nos
maladies.

N'est-ce pas une inconséquence bien
dangereuse, d'abandonner à des gens
qui n'ont souvent ni principes, ni
vrais talens, les soins les plus précieux de notre existence, & cela, sans
autre examen que de goûter si leurs
mets ont un goût agréable, sans s'in-
former seulement si ce qu'ils y emploient n'est pas capable de les rendre
malfaisans ? Faut-il donc renoncer
aux jouissances délicieuses de la nature, parce que l'art d'un cuisinier les
a transformées en poisons?... Non,

sans doute. Suivons pas à pas la nature, n'altérons pas les qualités douces & restaurantes qu'elle prodigue à
nos alimens , donnons la préférence
à ceux que l'expérience & l'usage nous
ont démontrés les plus favorables à
notre santé, ne les soumettons qu'à
des préparations simples & bienfai-
santes , & nous en obtiendrons ces
sucs salutaires & restaurans , qui réunissent aux délices d'une sage sensualité, le charme & la certitude , plus
précieux encore , de voir fortifier &
prolonger notre existence. Choisissons
donc nos alimens avec une judicieuse
délicatesse , préférons en la qualité à
la quantité , ne les surchargeons pas
de mélanges inutiles , & j'ose assurer
qu'en ne passant pas la borne des forces
digestives que possède chaque indi-
vidu , nous jouirions d'une heureuse
& longue vieillesse , semée de toutes
les jouissances délicieuses de la nature.

La bonne chere ne confiste pas à avoir fur fa table cinquante plats fimétriquement arrangés, qui flattent les yeux & le palais, tandis que leur préparation eft nuifible & dangereufe, mais à fe procurer tous les jours quelques mêts délicieux, dont la préparation combinée fur les principes de la fanté humaine, agréables au goût, reftaurans au corps, foient capables de nous procurer à la fois un chyle pur & bienfaifant, & tous les charmes d'une fenfualité agréable. Le plaifir en eft d'autant plus piquant, qu'en ne le prodiguant pas à l'excès, on peut le varier à l'infini tous les jours, & en prévenir la trifte fatiété.

Le grand nombre de mêts fur nos tables, y eft un véritable poifon, dont les apprêts pernicieux, & les mélanges incompatibles, allument au fond de nos entrailles une guerre inteftine, qui confume nos jours, &

les accable d'infirmités au printems
de la vie.

Il eſt véritablement impoſſible de
bien ſavourer ni digérer parfaitement
trente mêts différens, parce que les
forces de l'eſtomac ne peuvent pas y
ſuffire. Voilà cependant ce qu'on fait
chaque jour toutes dans les maiſons
opulentes. On eſt ſouvent trois heures
à table, & on mange par habitude,
ſans appétit, ſans goût, ſans plaiſir ;
un multitude d'alimens, parce que
les houpes nerveuſes du palais & de
l'eſtomac, encore empâtées des alimens mal digérés de la veille, n'ont
plus la force d'en ſavourer de nouveaux ; émouſſées & noyées dans une
ſaburre bourbeuſe de crudités indigeſtes, elles ont perdu toute leur ſen-
ſibilité, & altéré la qualité des ſucs
gaſtriques deſtinés à diſſoudre tous
nos alimens. Auſſi eſt-on tout le jour
accablé de peſanteur, d'inſomnie ;

la nuit est inquiette, l'estomac dou-
loureux; & quand on sort du lit, on
a la langue & les dents couvertes d'une
pâte blanche & gluante, qui annonce
toutes les corruptions intérieures de
l'estomac.

Les deux vices les plus formidables
de presque toutes les productions de
la cuisine moderne, c'est de nous offrir, ou des alimens trop *visqueux*;
dont la tenacité gluante s'amalgame
difficilement avec nos humeurs, &
produit une foule d'engorgemens nuisibles; ou des mets trop *épicés*, dont
l'âcreté corrosive, seche brûle & calcine nos fibres, notre estomac, nos
entrailles, & répand dans le sang
cette inflammation dévorante qui consume en peu de tems les tempéramens
les plus vigoureux.

J'ai tâché de prévenir des abus aussi
dangereux, en modifiant les aromates
dans des bornes plus sages: j'ai re-

cherché les préparations les plus faines, & en même tems les plus délicates ; & comme la fanté eft le bien
le plus précieux, & le premier but
de mon Ouvrage , je n'ai mis en
ufage que des productions que l'expérience m'a prouvé généralement falutaires

Faut-il donc fe réfoudre , comme
le Vénitien Cornaro , à vivre d'une
diette auftere, pour fe bien porter ?...
Non , fans doute : car en Italie , on
mange beaucoup de mêts , & on les
varie fous mille formes encore plus
multipliées qu'en France , & l'on s'y
porte peut-être mieux : la raifon en
eft fimple. Les préparations italiennes
font plus faines , plus analogues à notre conftitution , & plus propres à fa-
tisfaire notre fenfualité.

C'eft fur - tout dans la compofition des fauffes françoifes , qu'on
reconnoît combien notre cuifine eft

stérile & malfaisante. Tous ces roux,
ces coulis, ces sauffes gluantes, font
des colles empoifonnées d'aromates,
qui empâtent l'eftomac, & l'empê-
chent de digérer fes alimens. Delà,
toutes les obftructions, rhumatifmes,
paralyfies & autres engorgemens intérieurs dont prefque tous les gourmands
font journellement les victimes. On le
fent; mais on ne veut pas fe perfua-
der que ces *fauffes* piquantes, ces *aro-*
mates violens, ces *graiffes* & *farines*
gluantes, ces *coulis* & *roux* calcinés par
une torréfaction prefqu'égale au café
brûlé, donne à nos alimens une âcreté
corrofive qui, bien loin de nourrir le
corps, lui communique un embrâfe-
ment fouvent incurable, auquel les
plus puiffans fecours de la Médecine
font incapables de remédier.

Voilà le fort inévitable de toutes
les perfonnes qui fe livrent aux fen-
fualités de la cuifine moderne, telle

qu'on la prépare aujourd'hui. Qu'on
en corrige feulement ce qui la rend
malfaifante , & je réponds qu'on
pourra éviter toutes les dangereufes
influences qui alterent le fang & abre-
gent la vie : l'homme de goût y trouvera les fucs lés plus faciles à digérer,
les plus propres à le fortifier, & les
plus délicieux aux palais délicats &
voluptueux , qui ne font pas encore
ufés.

Tel eft le motif qui a dirigé mes
expériences , dont les détails volumi-
neux & rebutans, tels que je les avois
rédigés dans mes obfervations ma-
nufcrites, ne peuvent être entendus &
appréciés que par les perfonnes de
l'art. Dans l'extrait que j'en fais ici,
je me fuis attaché à rendre toutes mes
idées & mes procédés dans un ftyle
fimple, clair, & facile à entendre par
l'Artifte le moins intelligent, & par
l'Homme-de-Lettres le plus éclairé,

Je trace ici un précis des préparations alimentaires les plus saines ; & embraſſant à la fois toute la manipulation moderne des délices des tables françaiſes & italiennes, j'ai rédigé d'abord l'art du Cuiſinier de Santé ; & paſſant enſuite à l'art du Patiſſier François & Italien, j'ai fixé à chaque production les combinaiſons les plus agréables & les plus ſalutaires.

Tout ce qu'on nous a publié juſqu'à ce jour, ne nous offre que beaucoup de compilations mal digérées, ou les débris épars de quelques mémoires obſcurs ou infideles, que les bons Cuiſiniers ne communiquent qu'à regret, parce que la crainte de perdre leur réputation, ou de nuire à leur fortune, leur impoſe la loi de ne déclarer que les choſes connues de tout le monde, & de taire ou déguiſer toutes les compoſitions eſſentielles ſans leſquelles on ne peut réuſſir.

Eloigné de tous les motifs d'une routine aveugle & mercenaire, ayant cultivé la cuisine par goût & par raison de santé, sous la direction d'un des meilleurs Cuisiniers de France, j'ai détaillé tout ce qui peut contribuer à la perfection de cet art; j'ai fait tous mes efforts pour y exposer le plan, les principes & les détails, d'une maniere lumineuse, d'offrir par-tout des moyens d'exécution faciles & sûrs, des frais peu dispendieux, les soins les moins pénibles, & les succès les plus certains.

Quand aux graces du style, je réclame l'indulgence de mes Lecteurs, persuadé que la meilleure méthode de décrire un art de-maniere à être bien entendu, c'étoit la plus claire simplicité. J'ai conduit l'amateur pas à pas dans tous ses ouvrages; & pour peu qu'il connoisse les principes préliminaires, & qu'il suive exactement mes détails , j'ose lui assurer les succès les plus agréables.

D'austeres Censeurs , ou d'ignorans Artistes , me taxeront peut-être d'avoir quelquefois multiplié les détails sur plusieurs objets ; tels que la construction des fourneaux de santé , les moyens d'extraire les sucs des animaux , &c. &c. &c. Mais pourquoi la cuisine italienne est-elle plus délicieuse qu'en France ? C'est que tous les objets qui la composent , sont traités avec plus de soin , & qu'en général , dans tous les arts , le beau & le bon , sont le résultat d'une multitude de petits détails qui , chacun en particulier , ne semblent rien , & qui , tous réunis , forment un ensemble de bonnes qualités qui constituent la perfection.

Oserai-je avouer ici un abus trop commun , que la cupidité emploie souvent pour garnir les grosses pieces,

les

les pâtés froids, & beaucoup d'entrées ?... Oui, sans doute, puisque
la santé est le point important qui di-
rige ma plume : dût-elle être exposée
à tous les traits de l'envie, elle ne
sera censurée que par les artistes qui
en sont coupables. Combien de fois la
chair des jeunes ânons malades, ou
des chiens abandonnés dans les rues,
n'a-t-elle pas été employée en grande
partie dans la plupart de nos alimens
journaliers ? Combien de chats, &c.
ont trouvé leur tombeau dans le sein
d'un pâté ?... Comment les y recon-
naître, lorsque l'art les a mutilés, dépecés, ou hachés avec soin, & mélangés avec du veau, du lard, &
d'autres viandes plus saines ? Ce sont
des vérités de fait dont je puis affirmer
avoir été témoin moi-même ; & j'en
parle pour en avoir mangé, d'après
la préparation d'un Cuisinier habile,
qui les déguisoit avec assez de succès

pour tromper les palais, même les plus délicats.

Que les Maîtres de maison daignent quelquefois se faire un amusement de cet art, & ils échapperont à une foule de fraudes étrangeres que je n'ose rapporter ici, ils auront la certitude de ne rien manger qui puisse nuire à leur tempérament, ni tromper leur confiance.

LA CUISINE
DE SANTÉ.

LIVRE PREMIER.

Établissement du Fourneau de Santé, & autres ustensiles.

CHAPITRE PREMIER.

Principes alimentaires.

LA parfaite santé est le résultat le plus constant d'une circulation douce, saine & fortifiante, dans le sang &

dans toutes nos humeurs vitales. C'eſt du ſuc exprimé des productions alimentaires, que provient ce chyle reſtaurateur, deſtiné à remplir la multiplicité des vuides occaſionnés dans nos fibres par les pertes que l'air, l'exercice & la tranſpiration nous font éprouver tous les jours. Ce ſont une infinité de petits tuyaux chyliferes diſperſés autour des entrailles, qui, repompant ſans ceſſe les ſucs les plus fluides de nos alimens, portent dans tout le corps cette nutrition néceſſaire au développement & à la conſervation de notre exiſtence.

Si la nutrition eſt plus conſidérable que la perte, le corps s'engraiſſe & ſe fortifie.

Si elle eſt moindre, il ſe deſſeche & s'affoiblit.

On ne peut ſainement réparer les pertes continuelles du corps humain, qu'en lui offrant journellement les sucs les plus analogues à sa parfaite conftitution, & ceux qui, par leur nature, font les plus propres à le nourrir & à le fortifier. Il eft donc important de connoître la qualité de nos alimens, & leurs préparations ordinaires, afin de conferver toute leur falubrité à ceux que la cuifine moderne a fi fouvent altérés. Il eft encore avantageux d'analyfer les influences de chaque production alimentaire, relativement à chaque tempéramens particulier, afin de pouvoir choifir dans le nombre infini de celles que la nature nous offre, celles qui font les plus convenables à notre goût & à notre confervation.

Le fang & nos humeurs, confidérés dans l'état de fanté, font d'une douceur fluide, humectante & mucilagineufe, fans âcreté ni alcalefcence. Il faut donc que les fucs exprimés de nos alimens, poffedent ces mêmes

qualités pour nous être vraiment salutaires ; plus ils s'éloignent de cette
premiere analogie, moins le corps reçoit de substances essentiellement restaurantes, plutôt il perd ses forces,
son esprit, sa vigueur, & accélere in-
sensiblement les progrès de sa des-
truction & le terme de son existence.

La circulation du sang, qui, par
les ramifications innombrables des
vaisseaux ou des veines, charie les
sucs alimentaires depuis le centre du
corps jusqu'à l'extrémité des cheveux
ou des ongles, ne peut être facile &
restaurante, qu'autant que ces sucs
humectans ou mucilagineux ont assez
de fluidité pour circuler avec aisance,
& assez de substances nourricieres pour
réparer promptement les pertes qu'on
a éprouvées ; ce n'est qu'à l'aide de
cette fluidité, qu'ils pourront s'amal-
gamer intimement à toutes nos humeurs, en déposant des particules nu-

tritives dans tous les vuides deffechés qui ont befoin de réparation.

Telle eft la formation conftante d'un chyle reftaurateur ; cherchons à préfent les moyens de le produire, en confervant à nos alïmens les qualités les plus falutaires à la fanté humaine & au rétabliffement des conftitutions altérées, afin que l'homme robufte conferve longtems toutes fes forces, fa gaieté, fa vigueur, & que les perfonnes valétudinaires puiffent fe foulager, fe rétablir, & jouir d'une exiftence agréable.

CHAPITRE II.

Préparation des Aïmens.

Tous les corps & les végétaux de la terre, reçoivent fans ceffe leurs qualités & leurs influences des prin-

cipaux élemens qui les environnent
& les pénetrent le plus conftamment.

Le feu feche, détruit ou calcine
tous les objets offerts trop longtems à
fon action dévorante, tandis que
l'eau rafraîchit & humecte ces mêmes
corps que le feu auroit confumés.

La première caufe qui altere les
qualités falutaires de nos alimens,
c'eft lorfque le feu les touchant im-
médiatement, détruit leurs fucs mucilagineux & fortifians, les rend fecs,
picotans, corrofifs, & leur communique enfin cette âcreté incendiaire,
qui deffeche à la longue tous nos fibres, en ne leur portant plus autant
de fubftances nourricieres que nous en
perdons chaque jour.

Pour conferver à nos alimens leurs
principes les plus falutaires, il faudroit
ne leur donner qu'une coction douce, capable de les attendrir fans en
altérer les faveurs, leur communi-

quer un goût agréable, les rendre
d'une digeſtion facile à produire un
bon chyle, & réformer ou corriger
enfin toutes ces préparations âcres,
deſſéchantes & meurtrieres, qui calcinent les ſucs deſtinés à la nutrition,
multiplient nos maladies, & abre-
gent notre exiſtence.

Un ſeul moyen d'y réuſſir, ſeroit
de modérer l'action trop vive du feu,
en lui oppoſant la température d'un
élément plus frais : il faudroit un
nouvel intermede ſuſceptible de contribuer à la coction des alimens, de
leur conſerver tous leurs ſucs humectans, capable enfin de prévenir leur
deſſication & cette acrimonie incendiaire que la cuiſine moderne ne leur
donne que trop ſouvent pour être convaincu de la vérité de ce que j'avance.
Conſidérez les opulens qui ont de
bons Cuiſiniers, de combien de mala-

dies aigues ou inflammatoires ne font-
ils par journellement atteints ?

Ofons interroger la nature ; elle
feule peut nous faire connoître les
fages moyens qu'elle emploie à mûrir
toutes fes productions, & nous indiquer ceux que nous devons préférer
pour les rendre plus falutaires.

Le foleil, ce principe d'un feu vi-
vifiant, qui donne le mouvement,
l'accroiffement & la vie à tous les êtres
de la nature, qui fait former, remonter & defcendre la fève dans tous les
végétaux, circuler le fang dans nos
veines, & la lymphe nourriciere dans
tout les corps, ne les meut, les dé-
veloppe & les anime qu'au travers
d'un athmofphere immenfe d'air,
chargé de vapeurs humides : ce font
ces nuages d'eau fufpendus fur nos
têtes, qui, tempérant la trop vive ardeur du foleil, moderent cette chaleur douce & graduelle, qui fait éclôre,

croître & mûrir , non-feulement tous les végétaux, mais encore tous les êtres de l'univers.

Suivons pas à pas la nature, employons fes moyens, & nous obtiendrons fes fuccès.

Cet élément médiateur, que j'oppofe à la violence corrofive du feu, c'eft l'intermede de l'eau douce : elle fe pénetre facilement de l'action brûlante du feu ; elle eft fufceptible de tous les degrés poffibles de bouillonnement , & poffede la faculté de cuire tous les alimens, en les humectant & leur confervant la totalité de ces fucs fortifians , fans lefquels le corps, mal nourri, feche & dépérit infenfiblement.

Une *feconde caufe*, qui altere beaucoup nos productions alimentaires , c'eft la pratique pernicieufe de les cuire à découvert. Le bouillonnement qui les diffout, exhale en va-

peurs leurs sucs les plus substentiels :
ils se dissipent & s'évaporent, sans
autre utilité que celle d'engraisser
l'heureux Cuisinier qui les respire tous
les jours. Une preuve évidente que
ces exhalaisons possedent ce que nos
alimens ont de plus restaurant, c'est
que dans tous les climats de l'Europe,
le Cuisinier est presque toujours le
mortel le plus gras & le mieux nourri
de sa maison, parce qu'il respire &
avale sans cesse les vapeurs & la quintessence de tous les mêts, dont il
n'offre à son maître que les fibres ou
les cendres, souvent meurtrieres : à
force d'être dénaturés par une torréfaction sensible, il ne reste au fond
des casseroles qu'un sédiment terreux,
qui contient plutôt le marc calciné
des productions alimentaires, que
leurs sucs restaurateurs.

Qu'on regarde encore les Bouchers,
sans cesse environnés de viandes frai-

ches , dont ils respirent tout le jour
les exhalaisons , ils jouissent d'un em-
bonpoint & d'une santé vigoureuse ;
ils sont dodus & frais , quoiqu'ils
mangent peu , ainsi que la plupart des
Cuisiniers , tandis que leurs Maîtres ,
en faisant grande chere , sont presque
tous exténués de bonne heure , maigres , goutteux , cacochimes , & victimes d'un très-grand nombre de maladies , qui annoncent , ou le défaut
des sucs nourriciers , ou l'engorge-
ment de leurs sédimens tartareux.

Je compare la cuisine moderne à du
vin excellent , cueilli dans un bon
canton : si on le verse dans une chaudiere , & qu'on allume un grand feu
dessous , les vapeurs qui s'en exhalent,
produisent l'eau-de-vie & l'esprit-de-
vin ; mais le fond du vase , à force
de bouillir , s'altere , se dénature ,
perd sa saveur , sa force , sa bonté , &
n'offre plus qu'un tartre grossier , marc

le plus malfaisant de cette boisson salutaire. Voilà l'image de notre cuisine moderne : nos Cuisiniers en boivent l'esprit & les sucs, tandis que
leurs Maîtres n'en mangent que la
craisse & la terre.

Fit-on jamais de bon bouillon dans
une marmite découverte ? Quelle
différence de goût, d'odeur & de substance entre un tranche de bœuf-à-la-
mode, cuite à feu lent, dans un vaisseau fermé, ou un morceau de bœuf
cuit à gros bouillons, dans une marmite entierement ouverte ! L'avantage
en est si conséquent, que j'ai souvent
réussi à faire de meilleur bouillon, en
quantité égale, avec moitié moins de
viande, dans une marmite bien fermée, qu'avec le double dans un
vaisseau ouvert. D'où provient donc
cette différence étonnante ? C'est que
dans un vaisseau découvert, la plus
grande partie du suc des viandes &

du bouillon fe diffipent en vapeurs,
tandis que dans un vaiffeau fermé,
ces exhalaifons nutritives, toujours
condenfées, font dans une diftila-
tion perpétuelle, qui, retombant
dans le vafe comme la rofée, con-
centre la totalité de leurs fucs, &
conferve toutes leurs fubftances nourricieres.

J'ai remédié à cet inconvénient,
en adaptant à tous mes uftenciles de
cuifine, un leger chapiteau qui les
ferme foigneufement, de maniere à
réunir dans fon centre toutes les vapeurs alimentaires, à les y conden-
fer en gouttes durant leur coction, &
diriger enfin leur écoulement perpé-
tuel dans l'intérieur des viandes ou
des végétaux qui les ont produites.

Un *troifieme abus*, encore plus ré-
voltant, ce font les dangereufes combinaifons de la cuifine moderne, qui,
par des mélanges incompatibles, ou

l'excès des épices domine souvent
sans aucune saveur agréable , loin de
nourrir le corps , allume des com-
bats incendiaires dans nos entrailles ,
d'où résultent tant d'engorgemens
pernicieux , germes inévitables des
maladies les plus cruelles. Pourquoi
faut-il que l'art le plus délicieux de
la vie , ait été si longtems abandonné
sans examen , à la cupidité & à l'igno-
rance ? Faut-il s'étonner s'il s'est cor-
rompu au point de ne plus nous offrir que des fibres seches ou indigestes , des sédimens corrosifs , & souvent même des poisons lents , à force
d'avoir dénaturé des productions salutaires ?

Les vapeurs du charbon , offrent encore une *quatrieme cause*, qui altere
souvent nos alimens , sur-tout lorsqu'on y expose , avant qu'il soit entierement allumé , & qu'il ait exhalé
ses vapeurs minérales & malfaisan-

tes ; quoiqu'elle paroisse peu conséquente , ses influences suffoquantes sont dangereuses , & trop bien connues pour ne pas saisir, lorsqu'on le peut , tous les moyens de les détruire ou de les éviter.

Il existe donc essentiellement quatre principes malfaisans à anéantir dans la cuisine moderne :

1°. La calcination des alimens.

2°. L'évaporation & la perte des sucs les plus restaurans.

3°. Les mélanges pernicieux à corriger.

4°. Les vapeurs du charbon.

Je vais donner ici le plan & les moyens de construction d'un *fourneau* de santé, dont l'exécution & l'analyse remédient à tous les inconvéniens meurtriers, & nous offrent, en outre, des moyens aussi certains qu'économiques , de varier & de préparer à peu de frais tous les alimens d'une

maniere facile, falutaire & délicieufe.

CHAPITRE III.

Diftribution générale du Fourneau de Santé.

LA diftribution générale & les dimenfions particulieres d'un fourneau
de fanté, doivent être calculés de maniere que les marmites, cafferoles,
plateaux & autres uftenfiles ne reçoivent l'action du feu qu'au travers
d'un pouce d'eau bouillante qui les
environne de toutes parts extérieure-
ment.

Cette eau A (*fig.* 1ᵉ), renfermée
dans une chaudiere de fonte ou de
cuivre étamé B C D, recevant toute
la violence du feu par fa furface inférieure, reçoit le degré de chaleur
qu'on doit lui donner.

C'eſt dans ce petit baſſin d'eau chaude ou bouillante, que ſurnagent pluſieurs caſſeroles & plateaux deſtinés à cuire nos alimens, en les humectant & leur conſervant tout le mucilage de leurs ſucs.

Ce genre de fourneau eſt fermé de trois côtés & une partie du quatrieme, afin d'y mieux concentrer la chaleur. Il ne conſume que peu de bois, & les rameaux, brindilles ou fagots, y ſont auſſi bons que les buches les plus volumineuſes; il n'exige aucune conſommation de charbon, pas même pour les entrées; il épargne enfin près de la moitié de la dépenſe qu'on fait ordinairement en bois ou charbon, dans preſque toutes les maiſons bourgeoiſes.

Il ne poſſede qu'une ouverture par devant, ménagée de maniere à aërer le feu, & à pouvoir y placer deux ou trois broches paralleles, 27 & 28,

qu'un feul reffort 17, adapté au fourneau, fait conftamment tourner avec
agilité pendant une heure ou une
heure & demie, fans qu'il foit befoin
de tourne-broche, de cordes ou de
poids, ni qu'il foit néceffaire de le
remonter à chaque inftant ; ce qui rif-
que de faire griller les viandes, fi on
refte cinq minutes fans les remonter,
comme il arrive très - fouvent aux
tourne-broches ordinaires.

Au-deffous de l'âtre ou foyer, fe
trouve ménagé un four de trois pieds
quarrés *r s t*. On parvient à lui donner fans dépenfe le degré de chaleur
néceffaire, par le moyen du feu qu'on
fait fur l'âtre pour les cafferoles, &
quelque pellées de petite braife qu'on
jette au-deffous de la plaque *r s t*; de
forte que la force des feux ne parvient dans l'intérieur du four, qu'au
travers de deux plaques de fonte,
l'une N O P, l'autre *r s t.*

Il doit être revêtu sur ses quatre côtés intérieurs, avec de petits carreaux de brique, cimentés avec de la terre grasse, disposés de maniere à y concentrer parfaitement la chaleur ; enfin, une petite porte en cuivre *c d e f*, qui glisse en maniere de coulisse, dans des rainures pratiquées sur le devant du fourneau, termine sa construction.

Ce four, construit avec soin, possede les qualités les plus importantes pour exécuter avec succès tous les genres possibles de patisserie ; il leur donne un goût plus délicat, une légereté plus agréable, & une coction plus douce, plus égale & plus salutaire que celle qu'ils éprouvent dans des fours de brique, où le feu touchant directement les pieces qu'on y expose, les brûle souvent avant que le dedans soit cuit. Des expériences réitérées m'ont toujours convaincu qu'un feu qui ne touche les ouvrages de pâtisserie qu'au travers de deux plateaux de fonte, les pénetre avec plus de lenteur, en cuit plus parfaitement l'intérieur, les dessèche beaucoup moins, & les rend enfin d'une digestion plus facile, & d'une saveur plus délicate.

Deux marmites plus ou moins grandes, doivent être placées sur le côté supérieur du fourneau; l'une est destinée à faire le bouillon, & à donner d'excellens potages ou consommés des plus restaurans; l'autre est construite de maniere à faire cuire toutes sortes de légumes & de végétaux, par la seule vapeur de l'eau bouillante, sans qu'ils puissent jamais s'altérer, se dessécher, ni perdre les sucs que leur prodigua la nature.

Enfin, les intervalles vuides qui se trouvent entre les casseroles, offrent les compartimens les plus commodes

pour loger trois ou quatre cafetieres
pour les déjeûners d'une maitreſſe de
maiſon, comme thé, crême, café,
chocolat, &c.

C'eſt ſuivant la dépenſe du maître,
& l'ordinaire de ſa table, qu'on peut
fixer la diſtribution la mieux entendue
d'un fourneau de ſanté, la grandeur
des marmittes, caſſeroles, &c. & dé-
terminer les juſtes dimenſions du
foyer, ſuivant l'eſpece de bois qu'on
doit y brûler, & régler enfin le tout
ſuivant la conſommation & la dépenſe modérée que l'on veut y faire
journellement. Je puis certifier ici, par
ma propre expérience, que la ſeule
économie que l'on peut faire ſur le
bois ou le charbon, par le moyen de
ces fourneaux, offre au bout d'une
année le double & le triple de la
ſomme employée à la faire établir.
J'offre de donner tous les éclairciſſe-
mens qu'on pourra deſirer ſur cet ob-

jet, soit qu'on veuille l'exécuter en
grand, pour le service des maisons
opulentes, ou en petit, pour l'usage
économique des simples cuisines bourgeoises.

Il suffit de considérer ici la figure
1re de la planche 1re, & ses distributions particulieres, pour sentir que
le fourneau que je propose est susceptible de toutes les augmentations ou
modifications qu'on peut desirer.

La planche 1re offre les dimensions
d'un petit fourneau destiné à l'usage
des particuliers qui desirent modérer
leur dépense intérieure, & pouvoir,
dans l'occasion, offrir à leurs amis un
repas honnête & bien ordonné. Il leur
suffit de pouvoir donner au besoin,
un potage succulent, un morceau de
bœuf excellent, quatre bonnes entrées, deux plats de rôt, six plats d'entremêts, & quelques pieces de pâtisserie, avec d'autres menus objets.
Mais

Mais quoique ce fourneau soit susceptible d'exécuter tout cela, il est essentiellement disposé de maniere à donner tous les jours le potage, le bœuf, & une ou deux entrées pour les maisons bourgeoises, en né consumant que très-peu de bois, & point de charbon.

Les figures de la planche 2e, déterminent les distributions nécessaires aux cuisines des maison opulentes, ou des Seigneurs, ou des grands, qui, obligés de représenter souvent, desirent avoir leur table mieux servie, & leur dépense plus modérée. Il leur suffit de pouvoir donner au besoin plusieurs potages, douze fortes entrées, douze hors-d'œuvres; & pour second service, quatre plats de rôts & seize ou vingt plats d'entre-mêts, avec pâtés chauds, pâtés froids, & autres pâtisseries plus ou moins délicates.

J'obferverai ici que le plus petit de
ces fourneaux renferme en lui feul la
totalité des uftenfiles néceffaires à la
préparation de tous les genres d'alimens qu'on peut offrir fur les meilleures tables , depuis les potages ,
hors-d'œuvres , entrées , rôtis , entre-
mêts , pâtifferies , &c. &c. &c. jufqu'au deffert ; & ce qui en multiplie
les avantages & l'économie , c'eft que
le même fagot fuffit pour exécuter
tout cela dans le même tems , fans
qu'il foit néceffaire d'y confumer davantage de bois ni de charbon (1).

---

(1) Je ne parle point ici de l'avantage immenfe qui peut en réfulter pour la confervation des forêts d'un Royaume , par la
moindre confommation du bois & la ré-
forme du charbon ; utilité publique , très-importante , à caufe de la rareté des bois , de
fa cherté , qui augmente tous les jours , du
défaut de bois de conftruction pour la ma-
rine , &c. &c. &c.

Depuis la table la plus somptueuse des Souverains ou des Princes, qui exigeroit sans doute douze ou quinze grands potages, jusqu'à celle d'un bon bourgeois, auquel un petit fourneau peut suffire, en y réunissant la totalité des moyens d'exécuter un repas complet, tous les états y trouveront le triple avantage de diminuer leur dépense, mieux satisfaire leur sensualité, & de conserver leur santé, en mangeant des viandes plus succulentes, des légumes plus savoureux, & des alimens restaurans & délicieux.

CHAPITRE IV.

Construction du Potager de Santé.

SA charpente générale, doit se construire en fer, tant pour que les compartimens de maçonerie y soient établis d'une maniere solide, à l'abri d'être tourmentés, qu'afin d'éviter en tous tems les accidens du feu, & d'en concentrer plus parfaitement la chaleur.

De bonnes barres de fer, souples & élastiques, d'un pouce d'épaisseur en quarré, sont suffisantes pour l'usage journalier des meilleurs maisons bourgeoises. Il sera bon, avant de les employer, de faire examiner par un connoisseur, si le fer n'est pas aigre, gersé, pailleux, & sujet à casser.

Il faut commencer par faire couper quatre barreaux de trois pieds deux pouces de longueur, dont la destination sera d'être placés dans la situation perpendiculaire G H I K L M, &c. on fera couper ensuite six barres, de vingt pouces de longueur, pour les deux côtés, & six autres, de quatre pieds de longueur, pour le devant &

le derriere : elles font deftinées à être toutes placées horifontalement, & à être fixées fur les quatre premiers barreaux perpendiculaires, par des petits tenons & mortaifes pratiqués en *r s t*, N O P, H U X, &c. &c.

Ces feize barreaux doivent être parfaitement joints, & leurs tenons foigneufement rivés en dehors de chaque mortaife, pour qu'ils ne foient jamais fujets à fe relâcher, & occafionner dans le corps de maçonerie du fourneau, des fentes ou lezards, par où une grande partie de la chaleur viennent à fe perdre, exigeroit une plus grande confommation de bois.

Si la qualité du fer n'eft pas affez malléable pour fe river facilement, on peut y fuppléer, en faifant forger des queues à vis aux extrémités de chaque traverfe, qui puiffent entrer jufte dans des trous pratiqués aux extrémités des barreaux perpendiculaires G

H I K, &c. il suffira pour lors que
ces queues dépassent d'un demi pouce
l'épaisseur du barreau perpendiculaire, pour qu'on puisse les fixer solidement au dehors, avec un bon écrou,
qu'on fera serrer avec force.

Quoique les justes dimensions pour
placer les barreaux de traverse, doivent nécessairement varier en raison
de la grandeur du fourneau, de la
qualité du bois qu'on y brûle, de la
force des feux qu'on desire, & de la
quantité ou qualité des alimens qui
doivent s'y préparer, &c. &c. &c. je
vais d'abord établir celles que l'expérience m'a prouvé être les plus commodes & les plus économiques pour
un potager bourgeois; je décrirai ensuite celles qui sont les plus avantageuses aux cuisines des grands Seigneurs & des particuliers opulens.

Un simple fourneau de santé, pour
un ordinaire bourgeois, capable ce-

pendant d'offrir dans l'occasion le bœuf & quatre entrées, deux rôts & six plats d'entre-mêts, doit avoir les dimensions suivantes : Longueur générale, depuis O jusqu'en P, trois pieds ; — largeur, de N jusqu'à O, vingt pouces ; — hauteur totale, depuis G jusqu'en H, trente-deux pouces.

Ses distributions intérieures doivent avoir, depuis l'extrémité du pied G, jusqu'à la premiere plaque de fonte R, quatre pouces ; depuis R, jusqu'à l'âtre N, ou la plaque supérieure du four, huit pouces ; depuis N, jusqu'au fond de la chaudiere B, quatorze ou quinze pouces, si l'on consume du menu bois, comme fagots, rameaux ou brindilles ; & un pied seulement, si l'on y brûle de petites buches & du bois ordinaire. Enfin, depuis B jusqu'en H, la chaudiere doit avoir six pouces de profondeur sur son derriere, tandis que de D à X, elle ne doit avoir que trois quatre pouces de profondeur; tant pour donner plus d'ouverture sur le devant du fourneau, afin d'en diriger le feu, que pour y établir avec plus de facilité les broches à ressort destinées à rôtir les viandes.

Telles font les dimensions les plus avantageuses d'un bon potager bourgeois : quoiqu'il soit susceptible d'exécuter un repas complet, il n'augmente en rien la dépense journaliere d'un ménage particulier; il réunit au contraire tous les moyens d'en borner comme on veut la consommation journaliere, par une direction facile & une économie mieux entendue.

J'offre enfin de résoudre toutes les objections qu'on pourra me faire sur construction d'un fourneau de santé, & de détailler tous les moyens d'exécution qui peuvent en assurer la construction la plus solide, l'emploi le plus commode, & les succès les plus certains & les moins dispendieux.

Quant au mefure relatives aux potagers de fanté des grands feigneurs ou particuliers opulens , elles exigent tant de variations & de divifions relatives aux objets , à la qualité & quantité des alimens, à l'âge, au goût , à la fanté des maîtres, & à la dépenfe qu'ils entendent y faire , tant au journalier que dans les occafions importantes, qu'il eft impoffible d'en déterminer les dimenfions , fans avoir auparavant une connoiffance exacte de tous ces détails.

CHAPITRE V.

Conftruction du Four de Santé.

MAINTENANT que nous poffédons les principaux fondemens & la charpente de notre cuifine portative ; entrons dans le détail des pieces les plus nécessaires à terminer sa construction.

C'est un fait démontré par l'expérience que les fours en briques, dont on fait usage aujourd'hui, sont généralement mal sains ; le feu qu'on fait dans leur intérieur, donne à la brique une chaleur âcre & dévorante ; qui, agissant directement avec trop de violence sur les ouvrages qu'on y expose, les surprend & dessèche leur partie supérieure, avant que l'intérieur des tourtes, ou pâtés, ait reçu assez de cuisson ; il en résulte des pâtisseries lourdes, âcres, fastidieuses, indigestes & mal saines, tandis que le même morceau cuit dans un four modéré, exposé à une chaleur égale & constante qui le pénetre par degrés, se cuit parfaitement par-tout, & offre des pieces plus saines & plus délicates.

Un four destiné à cuire des pâtisseries légeres, telles que tourtes, pâtés d'assiettes, biscuits, &c. &c.,

petits pâtés, &c.; ne doit recevoir
la chaleur qu'au travers d'une cloison
deſtinée à amortir la violence du feu;
les pieces y recevant une chaleur douce & lente, ſont moins ſujettes à être
ſurpriſes, s'y cuiſent plus parfaitement & y conſervent plus de goût &
plus de ſaveur : les deux plaques de
fer, ou de fonte, de mon potager de ſanté, réunis, ſont, à cet
égard, tout ce que l'on peut deſirer.
La premiere, N O P, fig. 1ᵉ., qui
ſert à placer le feu du fourneau de
ſanté, communique une chaleur toujours tempérée au four qui ſe trouve menagé au-deſſous ; & la ſeconde
plaque, r s t, qui ſert de baſe au
fourneau, reçoit une chaleur plus ou
moins forte, moyennant un peu de
braiſe qu'on jette au-deſſous ; ſem-
blables à ce qu'on appelle des fours
de campagne, celui-ci n'en differe éſ-
ſentiellement que par une étendue

plus confidérable & une diftribution plus commode, propre à cuire plus parfaitement tous les morceaux déli- cats qu'on peut exécuter en pâtiflerie, excepté celles dont le volume excef- fif exige néceflairement un grand four, comme pâtés de cerf, de chevreuil, de fanglier, &c.

Ces deux plaques de fonte, dont l'une *a*, formé le dôme du four de fanté ; & l'autre *b*, fa bafe, doivent être d'une feule piece fans aucune gerfure, d'une furface très-unie, & doivent avoir quatre ou cinq ligne d'épaifleur. On fixera la premiere à quatre pouces de terre fur les angles *r s t*, & la feconde à huit pouces de la premiere, c'eft-à- dire, à un pied de diftance de terre fur les angles N O P. Pour y réuflir plus facilement, il faut demander aux fondeurs que les quatre coins de leurs plaques foient échancrés dans la forme A B, fig. 2e., ces fortes d'en-

coignures s'emboitant plus parfaitement dans des crans C coupés dans
l'épaiſſeur des barreaux deſtinés à les
ſoutenir ; on fixera les quatre coins
de ces deux plaques avec des chevilles
de fer, qui les rendent invariables
quelque feu qu'on puiſſe faire deſſus
& deſſous.

Pour terminer la clôture du four de
ſanté, il ne s'agit plus que de ſe procurer de bonnes briques bien cuites ;
celles qui ſe fabriquent par petits carreaux , ſont ordinairement mieux
travaillées, & méritent la préférence.
De tous les fours de ſanté que j'ai fait
exécuter ſous mes yeux, ceux qui
m'ont le mieux réuſſi, étoient conſ-
truits avec de petits quarrelets d'un
pouce d'épaiſſeur, portant juſte quatre
pouces de longueur ſur trois côtés
ſeulement, trois pouces ſur le quatrieme côté. (V. fig. 3ᵉ.) Il ſuffira
de faire dreſſer un petit cadre en bois

de chêne fur cette mefure, dans lequel
on fera mouler à la tuillerie deux cens
petits carreaux, en recommandans de
les faire cuire à feu lent afin qu'ils
ne s'éclatent pas & n'éprouvent aucune gerfure.

Ces quarrelets moulés en fauffe
équiere dans la forme *a b c d* (fig. 3ᶜ);
feront très-faciles à difpofer & placer
en ovale fur les plaques en fonte A B
(fig. 2ᵉ), n'étant plus néceffaires de
les caffer à coup de marteau, ils fe
joindront fans fractures & fans laiffer
entr'eux ces vuides multipliés que le
meilleur ciment ne bouche jamais
qu'imparfaitement ; enfin, n'ayant
fouffert aucun coup de truelle ou de
marteaux pour les échancrer de groffeur convenable à leur emplacement,
ils n'auront prefque jamais ces pailles
ou fentes invifibles par où la plus
vive chaleur s'exhale & fe perd en
peu de tems.

Lorfqu'on ne pourra pas fe procurer des quarrelets en fauffe équiere, on pourra y employer ces petits carreaux deftinés à paver les chambres dans la capital ; mais ils ne donneront jamais un four auffi folide que les précédens, & il faudra toujours plus de feu deffus & deffous pour maintenir la chaleur avec égalité.

Le meilleur ciment qu'on puiffe employer pour joindre enfemble les quarrelets, & ne faire avec eux qu'un feul & même corps, c'eft la terre graffe des Potiers, la plus douce & la mieux épurée de toute efpece de gravier. On réuffira mieux encore fi l'on peut fe procurer de la même efpece & qualité dont les carreaux ont été fabriqués.

Pour terminer la clôture du four on tracera d'abord fur la plaque *r s* l'ovale *o o o o* (fig, 2e), qui doit dé-terminer la forme & la grandeur in-

térieure du four de fanté ; on fera
enfuite jetter de l'eau fraîche fur les
carrelets ou briques qu'on doit employer. S'ils n'étoient pas frais & humides au momens de l'emploi, le
ciment ne pénétreroit pas les carrelets & ne s'amalgameroit pas avec
eux en cuifant. J'obferverai ici qu'on
doit éviter de plonger long-tems les
carreaux dans des baquets pleins d'eau
comme le font prefque tous les ouvriers pour abréger leur ouvrage ;
l'excès d'eau qu'ils boivent les détrempe & attendrit au point de leur
faire perdre leur force & leur confiftance ; & les gonfle fouvent au point
qu'après leur emploi ils éclatent ou
fe fendent de toutes parts, à mefure
que le feu les feche & les réduit à
leur premier volume.

Tous les matériaux ainfi préparés,
on pourra commencer la clôture intérieure du four de fanté, en pofant

un demi pouce de ciment sur toute la
bordure *o o o o* de la premiere plaque
de fonte *r s t*, obfervant de ne pas déborder entiérement l'enceinte ovale ;
fur ce lit de ciment on affeoira les
petits carreaux dans le même ordre
circulaire, en commençant à pofer le
premier en *d*, & en continuant jufqu'à ce qu'on foit parvenu en *c* côté
gauche de la porte du four.

Sur ce premier fondement on po-
fera une feconde couche de ciment,
fur laquelle on affeoira le fecond rang
de petits carreaux en commençant par
le côté *d* de la porte, & obfervant
fur tout que le milieu de chacun des
carrelets du fecond rang couvre la
jointure des deux carrelets pofés au-
deffous.

On continuera, fuivant le même
ordre, à pofer alternativement une
couche de ciment & un rang de petits
carreaux en fuivant les mêmes obfer-

vations, jusqu'à ce qu'on soit parve-
nus au-dessous de la seconde plaque
N O P, & a voir attention que le
dernier rang supérieur des petits carreaux force un peu sous la plaque
N O P, & soit bien garni de ciment,
afin de fermer les plus petits jours
par où le four dissiperoit insensible-
ment sa chaleur.

La clôture terminée, il faudra de
suite, à l'aide d'une lampe placée
dans l'intérieur du four, & par l'ouverture de sa porte, unir dans l'intérieur les jointures de tous les carreaux
en les polissant de maniere à former
un parfait ovale ; on laissera ensuite
le tout sécher à l'ombre pendant huit
jours, éloigné de toute espece d'humidité & sans tenter d'y faire aucun
feu jusqu'à ce qu'il soit entiérement sec
& ait fait une bonne prise ; sans cette
derniere précaution le four seroit bientôt rempli de gersures & d'éclats.

La porte du petit four doit être formée d'une plaque en cuivre, ou en tôle très-épaisse , *c d e f*, qui puisse librement glisser en coulisse dans deux rainures en fer attachées sur le devant du four. Pour exécuter plus facilement ces rainures, il suffira de faire poser deux petites bandes de fer, dont la premiere commencera en O & finira P, & la seconde de I en L ; on laissera quatre ou cinq lignes d'intervalle entre ces bandes & la maçonerie du petit four ; cet espace sera suffisant pour y faire jouer la porte en forme de coulisse. Ce mécanisme, usité en grand chez la plupart des Pâtissiers , est trop bien connu pour mériter un détail plus étendu ; il suffira d'en examiner un, & d'observer de le faire exécuter en petit de maniere à fermer le plus parfaitement possible l'ouverture du four.

On terminera sa construction en

faifant recrépir, avec de la menue terre graffe, tous les dehors, & en les poliffant à la truelle.

Telles eft la formation d'un petit four de fanté, folide & peu difpendieux, dans lequel on pourra exécuter tous les ouvrages de la pâtifferie moderne, avec plus de légéreté, de délicateffe & de falubrité que les pieces qu'on expofe journellement à l'ardeur dévorante des fours fales & enfumés, où le feu fe fait par dedans.

CHAPITRE VI.

Maçonerie du Potager.

LA maçonerie du fourneau de fanté doit également fe conftruire avec de petits carreaux femblables à ceux du four & de la terre graffe préparée; en faifant clôre le derriere &

les deux côtés du potager, suivant les mêmes obfervations.

Quant au devant du fourneau, il doit refter entiérement ouvert, tant pour faciliter l'arrangement du feu & diriger fa force où elle devient nécef-faire, qu'afin de pouvoir y placer les broches pour les pieces de rôt.

Si on fe propofe de n'y brûler que des fagots, il fera plus avantageux de difpofer les carreaux de briques fui-vant la direction ovale du petit four de fanté, ce plan étant le plus propre à concentrer la chaleur vive du même bois ; mais fi l'on a intention d'y faire ufage de bûches moyennes, il vaudra mieux difpofer en quarré l'intérieur de la maçonerie du potager, en ob-fervant d'arrondir les deux coins inté-rieurs du foyer, afin qu'ils réfléchiffent mieux fur le fond de la chaudiere la chaleur deftinée à cutre tous les ali-mens.

On laissera cette premiere maçonnerie sécher deux ou trois jours sans y toucher ; le surlendemain on examinera les endroits gersés pour les remplir soigneusement avec de la terre grasse ou d'écaille de brique ; enfin, on terminera cet ouvrage en le crépissant en dehors & en dedans, avec le même ciment, observant de le laisser sécher au moins cinq ou six jours avant d'y faire du feu.

CHAPITRE VII.

Chaudiere du Potager.

LA chaudiere du fourneau de santé est la piece la plus importante à produire tous les degrés de chaleur & de coctions alimentaires ; sa forme & ses dimensions doivent être fixées de la maniere la plus positive, & exécutées par un ouvrier intelligent pour y préparer tous les genres possibles d'alimens avec autant de délicatesse que de succès & d'économie.

Les premiers essais que je fis furent exécutés avec des grandes feuilles de tôle, mais la rouille les dévora en peu de tems; je tentai le fer blanc qui ne réussit pas mieux par le vice des soudures que l'action du feu entr'ouvroit tôt ou tard, malgré les doubles rebords que j'y avois fait adapter.

Cependant quoique ces matériaux ne puissent pas donner une chaudiere assez solide pour être durable, ces premieres expériences m'ayant offert des résultats assez satisfaisans pour les exécuter en grand, je fis construire une chaudiere en cuivre étamé d'une seule piece, qui remedia parfaitement à tous les inconvéniens, & réunit la plus grande solidité.

Après avoir tenté plusieurs genres

de formes, de coupes & de profon-
deurs dont les détails seroient trop
ennyeux à déduire, j'ai trouvé que le
profil K B D, fig. 1e, réunissoit le
plus d'avantages, & exigeoit le moins
de consommation en bois ; quant aux
dimensions intérieures, il faut lui
donner six pouces de profondeur
depuis K jusqu'à B sur les derrieres
du fourneau, trois pouces de profondeur en D sur le devant du potager.

A l'égard de ses dimensions supé-
rieures, elles doivent suivre la grandeur du fourneau, & être par conséquent relatives à la dépense plus ou
moins forte d'une maison ; mais pour
un bon ordinaire bourgeois, il suffira de donner deux pieds de largeur
depuis B jusqu'au D, & environ quatre pieds depuis K jusqu'à U.

Avant de faire construire cette chaudiere, il est très-important d'examiner
la qualités du cuivre que l'ouvrier

prétend

prétend employer ; pour le choisir durable , il faut en faire battre à grands coups de marteau un morceau devant soi. On préférera celui qui sera doux, malléable , qui s'étend uniment sur l'enclume , & qui n'éprouve aucune de ces gersures que la violence du feu auroit bientôt entr'ouvertes, ce qui ruineroit la chaudiere en peu de tems. On rejettera par conséquent tous les cuivres aigres ou cassans, qui s'éraillent sous le marteau & éprouvent des éclats ou des déchiremens quelconques.

Sur l'un des deux côtés de la chaudiere , on adaptera & soudera un robinet A destiné à écouler l'eau, la renouveller au besoin & temperer sa chaleur trop vive , en y ajoutant plus ou moins d'eau froide suivant la nécessité ; on préférera le côté du fourneau le plus commode pour l'écoulement

des eaux, relativement à son emplacement.

Les bords supérieurs de la chaudiere
doivent être garnis d'une bordure
applatie, large d'un demi pouce tout
autour, pour servir de support à la
chaudiere & la soutenir solidement
sur les bords supérieurs du fourneau
H X U, &c. On aura attention que
l'intérieur en soit bien étamé, afin
que le verd-de-gris ne la devore nulle
part. D'ailleurs, cette chaudiere étant
le réservoir domestique destiné à laver tous les plats, assiettes & casseroles, il est prudent que l'eau qu'elle
renferme, n'ait reçu aucun principe
malfaisant qu'on pût redouter.

On observera de laisser un intervalle de trois pouces entre le derriere
de la chaudiere & le barreau H U.
Cet espace vuide o o o o o, étant destiné à placer un petit manteau de che-

minée, & un tuyau mobile Y, par
où doit s'écouler toute la fumée du
fourneau de santé.

C'est sur les bords du devant de
ce manteau de tôle, qu'on doit atta-
tacher le rebord du derriere de la chaudiere : on les fixera ensemble avec
des clous de cuivre rivés des deux
côtés, de maniere à fermer toute
communication entre le foyer du
fourneau, & le dessus du potager :
par ce moyen, bien simple, les fumées ne pouvant jamais se répandre
dessus ni au-dessus des casseroles; ne
risqueront jamais de leur communiquer un goût détestable de graillon
ou d'enfumé.

Si, malgré les clous rivés, on s'apperçoit que la fumée filtre encore dans
quelques endroits, il faudra les boucher exactement avec du mastic de
Vitrier, composé de blanc d'Espagne
& d'huile de noix : la chaleur le dur-

cira bientôt, au point d'en faire un ciment presqu'auſſi ſolide que le métail.

<hr>

CHAPITRE VIII.

Couverture du Potager.

L'OUVERTURE ſupérieure de la chaudiere, doit être couverte d'un plateau en cuivre (*fig.* 4e), dans lequel il faut faire découper à jour les ouvertures néceſſaires à loger les marmites, caſſeroles, cafetieres & autres uſtenſiles néceſſaires à la cuiſſon des alimens.

On ne fera découper les ouvertures qu'après que les marmites, caſſeroles, &c. ſeront exécutées, afin de les fixer de maniere que leur circonférence moyenne, rempliſſe avec juſteſſe l'emplacement deſtiné à les re-

recevoir, & que le cul des casseroles ne touche pas tout à fait le fond de la chaudiere.

Ce grand plateau doit avoir un rebord *g h*, qui puisse entrer dans l'ouverture intérieure de la chaudiere, & la fermer assez exactement pour que les vapeurs de l'eau bouillante qu'elle contient, n'inondent jamais l'amateur ou le Cuisinier qui doivent y travailler.

Enfin, pour empêcher le plateau de se déformer, ou qu'il ne soit sujet à se bomber, lorsqu'on l'enleve pour laver le ménage, il sera très-utile de faire souder tout au tour un cercle en fer de la grosseur du petit doigt, pour le rendre semblable aux bords des grands chaudrons, & lui donner assez de solidité pour résister aux chocs & autres accidens journaliers qu'on ne saurait prévoir.

La construction de ce plateau, sera

terminée par deux anses de fer *c d*, destinées à l'enlever & à le replacer : elles doivent se terminer en pattes d'oie, fixées de chaque côté avec trois ou quatre clous de cuivre, soigneusement rivés des deux côtés.

Enfin, la propreté exige encore qu'il soit étamé des deux côtés, tant pour l'agrément du coup-d'œil, qu'afin d'être assuré d'une parfaite salubrité, en prévenant tous les accidens & les rouilles qui peuvent en résulter.

CHAPITRE IX.

Marmite à la Viande.

LE choix des viandes, la direction feu, l'art d'en modifier les degrés, & de gouverner le vase destiné à les faire bouillir, sont les moyens les plus certains de produire d'excellens po-

tages , & des pieces de Bœuf fuccu-
lentes.

Tant que le feu ne touche que le
devant , ou un feul côté d'une marmite , la viande fe calcine trop d'un
côté , tandis que de l'autre elle n'é-
prouve prefque pas l'action directe
du feu. L'inégalité de la chaleur , la
violence du bouillonnement , & l'é-
vaporation des fucs & des viandes ,
produifent néceffairement un bouillon
peu fubftantiel. Quoique cet ufage
mal fain , foit fi généralement ufité
dans prefque tous les ménages bourgeois , qu'on ne puiffe gueres efpérer d'en corriger l'abus , j'annoncerai
ici que les Cuifiniers intelligens de
bonnes maifons , ont adopté l'ufage
falutaire & économique , de placer
leurs marmites au-deffus même du
potager , afin que le feu agiffant directement au-deffous , pénetre , at-
tendriffe & cuife avec une parfaite

D iv

égalité les viandes, en les faifant bouillir à petit feu. L'expérience leur a prouvé qu'ils en retiraient un bouillon plus reftaurant, & d'un goût bien fupérieur.

Mais, attendu que les marmites qu'on emploie prefque par-tout, pêchent effentiellement par leur forme, fans perdre de tems à les critiquer, je vais établir de fuite les dimenfions & les diftributions les plus avantageufes d'une marmite propre à donner un vrai bouillon de fanté, qui pourra également s'employer fur mes fourneaux économiques, & fur les potagers ordinaires.

Une marmitte en cuivre m'a toujours paru dangereufe : la moindre négligence d'une Laveufe, y engendre le ver-de-gris. D'ailleurs, foumife tous les jours à une longue ébullition, il eft impoffible que le féjour trop prolongé d'une eau-toujours

bouillante, ne produife, à la longue,
une diffolution infenfible des molécules corrofives que le cuivre renferme
dans fon fein ; & la perte de poids
qu'une marmite éprouve, après huit
ou dix ans d'ufage, prouve cette
affertion avec la plus grande évi-
dence. Je croirois volontiers que c'eſt
une des principales caufes de l'état
prefque toujours valétudinaire ou im-
potent de la plupart des particuliers
opulens, dont les alimens font préparés dans des vaiffeaux de cuivre.

Une marmite de fer ou de fonte,
expofe à moins de dangers : mais les
émanations ferrugineufes, refferent
conftamment les entrailles, & peuvent les difpofer à des obftructions
fréquentes.

Il eft poffible de remédier à tous
ces inconvéniens, en faifant d'abord
conftruire une marmite en cuivre
étamé, dont on fera doubler tout l'in-

térieur & le fond, avec une bonne
feuille de fer-blanc bien écroui, &
battu à froid, en obfervant de ne
laiffer aucun vuide entre la feuille de
fer-blanc & le corps intérieur de la
marmite. Celle que j'ai fait conftruire
fur ce modele, m'a parfaitement
réuffi : il n'en peut réfulter aucunes
influences mal faines ; le bouillon n'y
recevant l'action du feu qu'au travers
de deux pieces de métal, s'y confomme plus lentement, & produit
un potage très-fucculent. J'invite tous
les particuliers qui font cas de leur
fanté & du bon bouillon, d'en faire
l'expérience ; elle réuffira auffi-bien
fur les potagers ordinaires que fur
mes fourneaux de fanté.

Il eft fur-tout important de leur
donner une dimenfion proportionnée
à la quantité de viande qui doit s'y
cuire chaque jour dans un bon ménage bourgeois, où l'on confomme

journellement trois ou quatre livres
de viande, une marmite ronde, de
huit à neuf pouces de diametre, sur
douze pouces de hauteur, est bien
suffisante : plus petite, il n'y auroit
pas assez de Bouillon ; plus grande,
les viandes y seraient noyées, & n'of-
friroient plus qu'un breuvage sans
substance & sans goût, incapable de
fortifier la santé.

La forme sphérique ou cilindrique
qu'on leur donne ordinairement, n'est
pas la meilleure ; elles perdent trop
en vapeurs. J'ai préféré leur donner
celle d'un cône tronqué. R ; c'est-à-
dire, de donner neuf pouces de largeur à la base de la marmite, tandis
que l'ouverture supérieure n'auroit
que sept pouces : les côtés ayant leur
pente dirigée dans l'intérieur du vaisseau, condensent plus facilement les
vapeurs du bouillon, & retombant
perpétuellement en gouttes dans la

marmite , ne perdent quasi rien par l'évaporation ; en un mot , cette forme m'a offert une solidité plus parfaite , un emploi plus facile , & un succès plus certain.

Le couvercle doit être construit dans la forme d'une calotte bombée, concave par dedans , & convexe par dehors , afin de faire également condenser & distiller en gouttes les vapeurs du potage, & lui conserver toute sa bonté : mais au lieu de fixer le rebord de la marmite en dehors, comme celui d'une tabatiere , j'ai préféré le faire établir au dedans , sans quoi la plus grande partie des exhalaisons de la viande s'écoulent au dehors , & se perdent sans alimenter le bouillon.

Ce ne font pas les fibres de la viande qui nourrissent notre corps ; ce font les sucs qu'elle renferme , ce font ces exhalaisons qu'elles perdent , en féchant à l'air , ou en bouillant dans un vaiſſeau découvert, qui poſſedent ſes particules les plus reſtaurantes ; & l'on ne parviendra jamais à faire du potage ſucculent, qu'en lui conſervant toutes ſes molécules nutritives, en les empêchant de ſe diſſiper en vapeurs : c'eſt un fait dont tous les phyſiciens & les perſonnes inſtruites ſentiront facilement l'importance.

Pour ſoulever le couvercle perpendiculairement toutes les fois qu'on veut découvrir ſa marmite, j'ai fait adapter à ſon centre ſupérieur un gros anneau de fer immobile, dans lequel les quatres doigts de la main peuvent ſe placer avec aiſance, & faciliter le moyen de découvrir le vaſe ſans perdre une goutte de bouillon, ni occaſionner beaucoup de perte de ſubſtance.

M'étant apperçu que ma viande, en s'évaſant au fond de la marmite, recevoit au-deſſous une chaleur trop

vive, fans être humectée par le bouillon, & qu'elle étoit quelquefois grillée dans fa partie inférieure, avant
d'avoir rendu fon fuc, j'ai remédié à
cet inconvénient, en plaçant à un
pouce au-deffus du fond de la marmitte, une petite grille en fer étamé *h*,
(*fig.* 1ʳᵉ): elle foutient la viande à
un pouce au-deffus du feu, en laif-
fant le même efpace de bouillon au-
deffous d'elle; & par ce moyen, le
deffous des pieces de bœuf étoit auffi
tendre & auffi délicat que les autres
parties.

Je finirai par convenir ici, qu'on
peut également faire de bons potages
dans des marmites de fer-blanc,
conftruites fuivant les mêmes dimenfions; mais elles auront toujours l'inconvénient d'éprouver trop facilement
la violence du feu; de forte qu'il eft
prefqu'impoffible de les entretenir
dans cette douce égalité d'ébullition,

sans laquelle on ne saurait produire un bouillon bien fait: celles que j'annonce dans ce chapitre, sont sans contredit bien meilleures.

CHAPITRE X.

Marmite aux Légumes.

UN fait certain, qui n'a jamais échappé aux observateurs attentifs, c'est que tous les légumes qu'on fait bouillir, déposent plus de la moitié de leurs sucs dans l'eau qui a servi à leur ébullition. Les exposer à feu nud dans une casserole, serait les altérer plus promptement encore, & en dessécher toutes les fibres les plus délicates.

Quelques Physiciens judicieux, affectés de ne manger souvent que la terre ou le marc des meilleurs légumes, fans favourer la totalité des fucs délicieux que leur prodigua la nature, tentèrent de les faire cuire en les exposant feulement à la vapeur de l'eau bouillante : leurs expériences eurent beaucoup de fuccès. Voici leur méthode.

Ils verfaient trois pouces d'eau dans le fond d'un chaudron ; on le plaçoit fur le feu, & lorfque l'eau commençoit à bouillir, on fufpendoit les légumes dans l'intérieur du chaudron, fans leur faire toucher l'eau bouillante : les feules vapeurs ou fumées de l'ébullition, les pénétroient & les cuifoient fans perdre beaucoup de leurs fucs, & leur donnoient un goût bien fupérieur à celui des légumes cuits fuivant la méthode ordinaire.

Le premier fuccès que m'offrit cette expérience, m'encouragea à la réitérer fur toutes fortes de végétaux : m'étant apperçu que les légumes cuits

à la vapeur, confervoient encore
mieux leurs fucs & leur faveur lorfqu'ils étoient légérement comprimés
dans un petit chaudron bien couvert,
que lorfqu'ils étoient difperfés à l'aife
dans un grand vafe découvert ; je fis
dès-lors conftruire une marmitte fans
fond S : vers le tiers de fa hauteur,
j'ai placé au fond un grillage horifon-
tal *u u* (*fig.* 1ʳᵉ), fur lequel j'ai pofé
mes légumes, & fermé d'un couver-
cle la bouche de cette marmite ; j'ai
plongé enfuite le cul de cette marmitte fans fond dans la chaudiere du
fourneau de fanté ; de forte que les
vapeurs de l'eau bouillante pénétrant
tout l'intérieur des légumes, ne puf-
fent jamais s'exhaler qu'après avoir
longtems pénétré, humecté & attendri
les légumes, fans les diffoudre dans
un déluge d'eau ; afin que les végétaux y reçuffent par-tout une coction
égale, j'ai couvert l'embouchure de

la marmite avec un plateau qui ne laiffe échapper que les exhalaifons fuperflues, par de petits trous ménagés au couvercle : les afperges, cardons, épinards, artichauds, &c. y furent cuits en moins d'une heure, & fe trouverent plus tendres & bien plus favoureux que ceux que j'avois expofés aux vapeurs d'un chaudron découvert.

La marmite aux légumes d'un potager bourgeois, doit avoir un peu plus de largeur que la marmite au bouillon : la diverfité & le nombre des végétaux qu'on y fait cuire fouvent enfemble, occupant beaucoup plus d'efpace que la viande, exigent un emplacement affez vafte pour y placer féparément plufieurs efpeces de végétaux fans fe porter obftacle, afin de pouvoir fe procurer en même tems plufieurs plats d'entremêts fans le moindre embarras.

Une forme exactement cylindrique, à laquelle on donne environ dix pouces de diametre dans toute fa longueur, m'a toujours paru fuffifante pour un bon ménage bourgeois : pour la conftruire fur les mêmes principes de falubrité que la marmite à la viande, il faudra choifir un cuivre malléable & battu, dans la forme d'un large tube fans fond ; on le fera enfuite doubler d'une bonne feuille de fer-blanc : il eft néceffaire de donner une forte confiftance aux parois de la marmite aux légumes, afin d'y concentrer la chaleur & les vapeurs de l'eau bouillante.

La premiere en cuivre que je fis faire, n'était pas doublée : m'étant apperçu que les légumes n'y cuifoient qu'avec une extrême lenteur ; je la fis doubler en dedans avec une bonne feuille de fer-blanc battu, & je vis

avec plaifir mes légumes fe cuire avec
plus d'aifance & de célérité.

Il fera néceffaire de faire conftruire
un rebord folide à la bafe inférieure
de cette marmite, afin de la mettre
à l'abri des fractures & des coups.

Ce grand cylindre, fans fonds, doit
être plongé d'environ deux pouces
dans l'eau bouillante de la chaudiere
du potager de fanté, depuis la bafe 1^c,
jufqu'à 2, en l'efpace enfoncé dans
l'eau bouillante, depuis deux jufqu'à
o, eft un intervalle vuide d'un pouce
qu'il faut laiffer entre l'eau bouillante
& la grille qui porte les légumes;
c'eft enfin fur les points o o o que
doit être fixé le petit grillage 3 fur
lequel font placés les végétaux.

Jadis je pofois plufieurs efpeces de
légumes fur le même grillage ; mais
ayant apperçu qu'en cuifant, ils fe
communiquoient mutuellement leur

goût & leur odeur, de forte que les épinards fentoient les afperges, & les afperges, les artichaux, &c. J'imaginai de les loger, chaque efpece de légumes, dans une cafe particuliere, en divifant l'intérieur de la marmite en deux ou trois compartimens, avec une plaque de fer blanc 4, qui les féparoit entierement; par cette diftribution facile, ne fe communiquant plus leurs goûts réciproques, chaque légume conferva la faveur que lui deftinoit la nature.

On obfervera de placer toutes ces cloifons mobiles dans une direction perpendiculaire, afin de laiffer un libre paffage aux vapeurs d'eau bouillante, & qu'elles puiffent s'exhaler fans communication depuis le fond de la marmite jufqu'à fon embouchure fupérieure; mais au lieu d'une feule cloifon, on pourra en difpofer

trois ou quatre qui puiſſe ſe placer
& ſe déplacer ſuivant le beſoin.

La forme du couvercle de la marmite eſt indifférente, on pourra donc
le faire ſemblable à celui de la marmite au bouillon, avec cette différence
qu'il faut faire percer un trou 6 au
centre ſupérieur du couvert, qui ſoit
tout au plus grand à pouvoir y paſſer
un pois ; ce petit ſoupirail doit dégorger l'excédent des vapeurs de l'eau
bouillante qui, en ſe comprimant
dans le cylindre, pourroient peut-
être le renverſer, s'il étoit fermé hermétiquement.

Le peu de ſucs qui s'exhalent dans
la marmite, n'ayant preſque point
d'iſſue, ſe condenſent dans le cylindre & forment un nuage brûlant
de ſucs végétaux qui touchent, pénetrent & cuiſent parfaitement les
légumes, de ſorte qu'on peut dire,

avec raifon, qu'ils font cuits dans leur propre fuc, auffi les connoif-feurs les trouvent-ils plus tendre & d'un goût bien fupérieur à ceux qui font bouillis ou plongés dans l'eau.

Ce ne peut-être qu'après l'expé-rience que des palais délicats pour-ront comparer l'infipide fadeur que poffedent nos légumes noyés dans des chaudrons d'eau bouillante, avec la faveur faine, délicate & reftaurante que confervent tous les végétaux cuits à la fimple vapeur... On fera moins obligé d'en féparer la fadeur à force d'épices, qui échauffent le fang & calcinent nos entrailles, & l'on pourra fe flatter alors de manger des légumes rafraichiffans, falutaires & vraiment délicieux.

CHAPITRE XI.

Cheminée du Potager de Santé.

J'AI déja annoncé qu'entre les barreaux H U (*fig.* 1re) & le derriere
de la chaudiere, il falloit laisser un
intervalle vuide d'environ trois pouces, destiné à l'écoulement des fumées du fourneau de santé; il ne
s'agit plus que d'y adapter un petit
manteau, fait en forme d'une pyra-
mide tronquée dont la base seroit
H K U (*fig.* 1re) & dont le sommet
serviroit de base à un tuyau de tôle
Y, qu'on prolongera à volonté pour
diriger les fumées, soit dans un vieux
tuyau de cheminée, soit hors d'une
maison en perçant une muraille.

Il est encore possible de retirer de
ce tuyau de tôle plusieurs avantages
économiques,

économiques, dont je crois devoir faire mention ; m'étant apperçu qu'il échauffoit prodigieusement la piece où je l'avois établi, j'imaginai (en hiver seulement) de le prolonger de maniere à traverser deux chambres à coucher & mon cabinet à écrire ; l'expérience m'a si bien réussi, que je n'avois besoin de faire aucun feu dans les pieces qu'il traversoit, & que j'ai été obligé d'ouvrir quelquefois la croisée de mon cabinet, pour éviter d'y respirer un air trop chaud & trop raréfié.

Il est évident que la chaleur concentrée d'un fourneau de santé peut offrir les mêmes avantages qu'un grand poêle dans une maison......, échauffer tout un appartement l'hiver par une sage distribution des tuyaux..., épargner une consommation en bois toujours dispendieuse..., & produire enfin une chaleur douce, égale &

invisible : ces avantages sont encore plus important pour des meres de famille, dont les enfans, chauffés tout l'hiver sans le moindre embarras, sont toujours à l'abri de tomber dans le feu, & ne courent plus le danger d'incendier une maison entiere par la négligence des domestiques à les surveiller.

CHAPITRE XII.

Casseroles du Potager.

Sept à huit Casseroles de diverses grandeurs, une poissonniere & cinq ou six cafetieres, forment, avec les deux marmites, la totalité des ustensiles qui doivent garnir le potager de santé, & offrir aux meilleures maisons bourgeoises des secours suffisans pour vivre journellement avec économie, & offrir au besoin tous les moyens de composer un joli repas pour quinze ou vingt personnes.

Les casseroles 7, 8, 9, 10, 11 & 12 (*fig.* 1re) ainsi que la poisson-niere 14, doivent être construites avec des feuilles de fer blanc, fortes, fo-nores & sans gersure; il faut qu'elles soient bien battues à froid avant de les couper; quant à la profondeur, largeur & évasement qu'il faut leur donner, c'est au nombre des maîtres & à la quantité des mets qu'on y prépare journellement, à en déter-miner les dimensions.

Pour le ménage d'un garçon seul, sujet à recevoir, par fois, deux ou trois amis, huit à neuf pouces d'ou-verture supérieure, & quatre pouces de profondeur sont suffisans.

Mais pour une table bourgeoise, où il existe cinq ou six maîtres, & où l'on peut, dans l'occasion, avoir dix à douze convives à recevoir, il faut néceffairement donner aux caf-feroles de dix pouces à un pied d'ou-verture fupérieure...., cinq pouces de profondeur, un bon pouce d'évafe-ment de chaque côté.

La poiffonniere, conftruite fur les mêmes principes, doit avoir dix-huit pouces de longueur, fur cinq ou fix de largeur; il fera même bon de lui donner toute la largeur poffible dans fon centre pour fervir dans tous les cas où l'on auroit un large poiffon à faire étuver : on fera enfuite dé-couper une plaque de fer blanc, fou-tenue d'un large rebord qui occupe tout le fond de la poiffonniere ; afin de pouvoir enlever un Brochet, Efturgeon ou autre poiffon dans toute fa longeur fans le rompre en plu-fieurs morceaux; les deux extrémités de cette longue plaque doit avoir deux anfes ou deux grands anneaux de même métail pour l'enlever plus facilement.

Quant aux casseroles, l'inspection de la planche 1re annonce qu'elles sont disposées de maniere à se toucher mutuellement sans s'embarras-ser; mais comme leur position ne permet pas qu'elles aient chacune une queue en fer pour les faire mou-voir, j'ai fait adapter à chacune une patte à jour, conforme à la figure 6e, dont le milieu *e* soit coudé de façon à laisser une intervalle vuide en quarré, dans lequel le bout du crochet *f* (*fig.* 5e) entre avec assez d'aisance, pour l'enlever & la mou-voir en tous sens, sans qu'elle puisse se séparer du manche; les deux ex-trémités de cette patte doivent se terminer en forme d'un trefle, percé de trois trous, pour y recevoir de chaque côté trois clous solidement rivés.

E iij

Le manche de ce crochet doit être terminé comme celui des casseroles ordinaires, afin d'offrir une bonne prise & n'être pas sujet à tourner dans la main.

Enfin, chaque casserole doit avoir pour couvert un plateau de fer blanc, légérement bombé, avec un rebord qui entre au-dedans de l'ouverture de la casserole, & la ferme assez parfaitement, pour que toutes les exhalaisons des viandes retombent sans cesse en distillation dans la casserole pour les nourrir dans leur propre suc.

CHAPITRE XIII.

Bouloires & Cafetieres.

Cinq ou six bouloires ou cafetieres doivent aussi trouver leur place dans les vuides qui se trouvent entre les

cafferoles & la poiffonniere du potager
de fanté; le moins qu'on puiffe en
defirer, c'eft quatre, afin de pouvoir
offrir au befoin, dans un déjeûné
varié, le café, le chocolat, le thé
& la crême.

Leur nombre ne peut jamais être
à charge, puifqu'il y a beaucoup d'occafions où un Cuifinier doit avoir
fous fa main des jus ou fucs extraits
des viandes pour nourrir fes entrées
où &c. &c. On ne faûroit imaginer
combien tous les fucs extraits des végétaux ou viandes confervent leur
mucillage reftaurateur dans des vafes
au bain marie; ils n'y contractent
jamais un goût brûlé ni cette âcreté
dangereufe qu'on rencontre dans les
confommés ou les roux de la cuifine
ordinaire; l'humidité de l'eau bouillante leur donne, au contraire, un
goût moëlleux, dont la délicateffe eft
vraiment délicieufe, & la fubftance

d'autant plus falutaire, que fes principes nutritifs n'ont pas été calcinés
par l'action violente d'un feu corrofif.

Le café, le chocolat & la crême
y confervent toute la fraîcheur de
cette huile ou ce beurre balfamique
qui fait effentiellement leur bonté,
& jamais ils n'y acquierent ce goût
de calcination aftringente qui échauffe
& deffeche les tempéremmens les plus
vigoureux.

C'eft fur-tout aux perfonnes maigres
& convalefcentes que la préparation
du chocolat & de tous leurs alimens
au fourneau de fanté eft effentiellement néceffaire, parce qu'il leur conferve plus parfaitement tous les principes nutritifs & reftaurateurs qui
peuvent contribuer à la fanté & au
rétabliffement des forces vitales.

La forme la plus commode des
cafetieres doit être celle d'un cylindre
qui poffede autant de largeur à fon

embouchure qu'à sa bafe ; fans cette proportion exacte, le trou du plateau deftiné à la recevoir, n'étant pas rempli, exhaleroit une quantité de vapeurs d'eau bouillante qui feroient incommodes aux amateurs & aux artistes.

On adaptera à ces cafetieres cylindriques une petite patte *c* femblable à celles qu'on a établies fur les cafferoles ; & pour plus de propreté & de facilité, on leur fera faire un petit manche particulier, garni d'un crochet en fer, dont la groffeur foit analogue à l'ouverture *b c* de la patte (*fig.* 8e), afin de les enlever & les mouvoir à volonté.

La forme du couvercle des cafetieres m'a toujours paru indifférente ; il fuffira de les fixer au corps du cylindre par le moyen d'une bonne charniere qui, à l'aide d'un rebord intérieur, ferme affez jufte pour ne

E v

pas laisser évaporer le parfum du café, du thé ou du chocolat.

CHAPITRE XIV.

Des Broches à ressort.

Sur le devant du fourneau de santé, je fis adapter d'abord une petite broche 15ᵉ (*fig.* 1ʳᵉ) que je faisois tourner par un enfant à l'aide d'une manivelle ; j'établis par la suite un tournebroche avec des poulies, poids & cordage qui ont le même succès & les mêmes embarras dans toutes les cuisines françoises.

Desirant simplifier les broches de mon fourneau, réformer les embarras des poids & cordages qui ne trouvent pas par-tout des situations favorables, je tentai toutes les expériences

qui paroiſſoient m'offrir plus de légéreté, de commodité & l'agrément
de porter en campagne ou ſur mer
toute ſa cuiſine avec ſoi ſous un volume peu conſidérable.

J'imaginai d'adapter à mon fourneau un grand reſſort en ſpirale qui,
ſemblable à celui des pendules &
des montres, eut aſſez de force &
de ſolidité, lorſqu'il ſeroit monté,
pour faire tourner une ou pluſieurs
broches deux heures entieres, ſans
être obligé de le remonter à chaque
inſtant, ni craindre de voir ſon rôti
brûlé, ſi l'on a tardé deux minutes
à remouter les poids.

Ce reſſort A, (*fig.* 9ᵉ) conſiſte
dans une lame d'acier, mince &
élaſtique, qui, roulée ſur ſon centre,
en forme de ſpirale, poſſede la faculté de ſe replier ſur elle-même &
de roidir comme un arc, au point
de faire un effort conſidérable pour

se développer dans son premier état
& tirer à lui la chaîne destinée à
faire tourner les broches.

De la force élastique du grand
ressort A, (*fig. 9*ₑ) dépend la vîtesse
avec laquelle la broche doit tourner;
l'effort qu'il fait pour se rétablir, lui
donne la faculté d'attirer sans cesse
à lui la chaîne C qui étoit dévidée sur
le moyeu de la roue B : cette roue
porte vingt-quatre dents qui s'engrai-
nent sur le pignon D, qui, fixé à
l'extrémité de la broche, lui fait
faire lentement quatre tours, tandis
que la roue B n'en fait qu'un (*voyez
fig. 9*ᶜ).

Ce grand ressort est enfermé dans
un petit tambour de fer ou de cuivre
sous la forme d'une boîte platte E,
au centre de laquelle se trouve le
pivot F, qui est fixé aux deux pla-
tines du tambour d'une maniere in-
variable; le bout central du grand

reſſort G eſt attaché à ce pivot immobile, tandis que l'autre extrémité
du reſſort H eſt fixée à la circonférence du tambour ou de la boîte E;
de ſorte que ſi on fait tourner le
tambour, tandis que ſon pivot reſte
immobile, le reſſort ſe roule entiérement ſur lui-même, & contracte
une tenſion aſſez forte pour faire
tourner deux ou trois broches en
même tems.

La chaîne eſt compoſée de petits
anneaux plats enchâſſés les uns dans les
autres : ils doivent avoir en totalité
aſſez de longueur pour faire cinq ou
ſix tours ſur l'épaiſſeur du tambour
de cuivre ; cette chaîne doit être fixée
d'un bout ſur un des bords du tambour, faire ſur lui ſept à huit tours,
tandis que ſon autre extrémité eſt attachée ſolidement à la roue à pignon B.

D'après ce ſimple méchaniſme, on

sentira facilement que si , par le
moyen d'une clef percée K, dont l'ouverture O sert de chapeau au pivot
I, on fait faire cinq ou six tours à la
roue B , la chaîne se devidera sur les
rainures spirales tracées sur l'épaisseur
de la platine de cette roue B, qui doit
être exactement semblable à la roue
d'une montre, sur laquelle se devide
sa chaîne. La seule inspection d'une
montre ou d'une pendule , suffira
pour en avoir une idée juste & facile.
La chaîne , en se redevidant sur la
roue B, fera tourner le tambour , dans
lequel le grand ressort, obligé de se
rouler & se resserrer sur lui-même ,
prendra un degré de tension assez fort
pour attirer la chaîne à lui , & l'obliger
par son élasticité à se devider sur le
tambour ; & par ce mouvement continuel, la roue B s'engrainant sur le
pignon D, fera tourner lentement

durant plus de deux heures la broche
à laquelle il est emmanché.

On voit par ces détails , que deux
roues très-simples composent tout le
méchanisme de ce tournebroche : sa
construction n'ayant besoin ni de cordes , ni de menus poids , ni d'autant
de rouages , sera toujours plus solide ,
plus commode à placer par-tout , &
bien moins dispendieuse que les tournebroches en fer ordinaires. Il a de
plus l'avantage de ne jamais s'arrêter,
de ne faire aucun bruit, de ne pas se
déranger , de se placer dans les cuisines les plus basses, de n'y occuper
presque point de place, & de pouvoir
se transporter facilement par-tout sous
un poids leger & un petit volume.

Qu'on ajoute seulement à ces deux
roues , les deux pignons de plus L M,
dentelés comme le premier, & on
parviendra à faire tourner en même

tems trois broches avec le même ressort A, dont la force motrice forçant
la roue B à s'engrainer sur les trois
pignons L M D (qui tous trois sont
emmanchés à une broche différente),
les mettra tous dans un mouvement
uniforme.

Ces trois broches doivent être por-
tées à leurs deux extrémités, dans des
trous fixes *o p q r s t*, percés dans
l'épaisseur des deux côtés du fourneau de santé, à une distance raison-
nable du feu, & disposés de maniere
à y laisser tourner les broches avec
aisance.

Les ouvriers les moins habiles qui
exécutent les tournebroches de fer,
en voyant la figure 9e, concevront
au premier coup-d'œil le plan & la
construction du tournebroche à ressort, dont la simplicité amenera toujours le succès le plus évident, pour
peu qu'il soit construit avec un bon

reffort, & que les dents de la roue B
& des pignons , foient faites avec
juſteſſe & folidité.

Enfin , pour donner à mes broches
toute la falubrité poſſible , je me dé-
cidai à y employer un fer bien forgé ,
arrondi vers ſes deux extrémités, mais
plat & quarré vers ſon centre , afin
que les pieces de rôt y foient fixées
avec folidité ; & pour les mettre entierement à l'abri de la rouille, je les ai
fait étamer dans toute leur longueur :
cette précaution m'a toujours paru
néceſſaire pour prévenir cette rouille
aſtringente, qui communique au rôti
un goût par fois déſagréable, & toujours mal fain, fur-tout aujourd'hui ,
où la plupart des Cuiſiniers négligent
fouvent d'eſſuyer leurs broches après
avoir enlevé leurs pieces de rôt.

Voyons à préſent quels font les
moyens faciles & avantageux de préparer le fourneau de fanté , & diri-

ger son feu suivant les principes les plus salutaires & les plus économiques.

_____

CHAPITRE XV.

Préparation du fourneau de Santé.

Pour disposer le potager de santé à toutes les préparations d'une cuisine saine & agréable, il faut commencer par essuyer chaque jour tout l'intérieur de la chaudiere avec autant d'exactitude que si on devait manger tout ce qui pourrait s'apprêter dans sa concavité.

On y versera ensuite deux ou trois sceaux d'eau fraîchement tirés, en observant de ne remplir la chaudiere qu'à moitié, parce que le fond des marmites, casseroles & autres ustensiles qui doivent y plonger en grande

partie, exhauffe d'un quart toute l'eau
qu'on y a dépofée, & qu'il eft encore
néceffaire que l'intervalle qui refte,
foit deftiné à donner à l'eau la liberté
d'y bouillir avec aifance : fans cet efpace vuide, on rifqueroit de la voir
bouillonner & fe gonfler au point
d'enlever le plateau, renverfer les
cafferoles, & inonder tout le potager
& la cuifine. Huit jours d'expériences
& d'attentions fur la force du feu &
le train de la chaudiere, fourniront
à un artifte judicieux toutes les obfervations fuffifantes pour diriger le
fourneau de fanté avec une certitude
facile. Si l'eau verfe en bouillant, il
ôtera toute celle qui paroîtra vouloir
déborder ; de forte qu'en bouillant,
elle ne touche jamais le deffous du
plateau. Si l'eau tarde trop à bouillir,
on augmentera par degrés la force du
feu : lorfque l'eau bouillira avec aifance, fans répandre, on marquera

jufqu'à quelle hauteur monte l'eau qui
rêfte dans la chaudiere , afin de la
remplir tous les jours au même degré , fans rifquer le moindre inconvénient.

Lorfque la chaudiere fera chargée
du volume d'eau qui lui fera néceffaire, on allumera le feu pour la difpofer à bouillir ; on effuiera enfuite
tout l'intérieur des cafferoles , cafetieres , marmites , &c. & on verfera
dans chacune de ces pieces un verre
d'eau , & on les placera dans le com-
partiment deftiné à chacun. Ce verre
d'eau fervira à tempérer la force du
feu , & à l'empêcher de diffoudre
l'étain dans les cafferoles dont on ne
doit pas fe fervir.

C'eft tandis que l'eau de la chaudiere fe difpofe à bouillir , que le
Cuifinier doit préparer les viandes ou
légumes qu'il veut y faire cuire.

Lorfque la chaudiere aura pris affez

de chaleur pour faire bouillir l'eau
qu'elle renferme , on jettera l'eau
qu'on avoit versée dans les casseroles , & on les garnira des viandes ,
légumes ou poissons qu'on veut préparer , en continuant d'alimenter le
feu du fourneau de santé , jusqu'à ce
que le bouillonnement de la chaudiere soit parvenu à faire bouillir
doucement l'intérieur des casseroles ;
alors on entretiendra le feu au même
degré, sans le forcer ni l'affoiblir , afin
qu'il continue à donner une chaleur
égale , suffisante, & une ébullition
douce & permanente à toutes les sauffes : on observera pendant la cuisson ,
de les tenir exactement couverts ,
afin de laisser évaporer leurs sucs alimentaires le moins qu'il sera possible.

Quant à la direction du feu, tout
l'art consiste à l'entretenir à peu près
dans une égalité constante , en observant d'en diriger la force vers le

côté du potager où son activité paroît la plus nécessaire, & l'affaiblir au contraire vers celui où l'on apprête les sauces délicates & les alimens legers, tels que crêmes, neiges, gelées, &c.

Enfin, quoiqu'une simple cuisine bourgeoise puisse ne faire journellement usage que de menus fagots, on pourra réserver du petit bois pour les occasions ou l'on aura cinq ou six plats à préparer : des petites branches de deux ou trois pouces de grosseur, suffiront toujours pour alimenter un bon feu avec plus d'aisance & moins d'embarras ; la direction en sera plus fàcile, la chaleur plus égale & plus constante, & la préparation des alimens plus prompte & plus certaine.

CHAPITRE XVI.

Etuve du Fourneau de Santé.

Quoique le petit four du potager de
santé offre une étuve assez commode
pour préparer toutes sortes de biscuits, beignets, sucreries & autres
productions de la cuisine ou de l'office,
comme il est essentiellement établi
pour les ouvrages de pâtisserie, & que
sa chaleur est généralement trop vive
pour y exposer un nombre infini d'objets délicats, qui ont besoin d'un feu
plus doux, j'imaginai de mettre à
profit la chaleur qui pénetre le derriere du fourneau, en y établissant
dans toute sa longueur une petite étuve
en forme d'armoire, dans laquelle
plusieurs tablettes soient disposées de
maniere à recevoir une chaleur mo-

dérée , fans occafionner la moindre
dépenfe pour l'échauffer.

La conftruction de cette étuve eft
facile & fimple : il ne s'agit que d'exécuter une cage en fer (*fig.* 11ᵉ), qui,
par le moyen des pattes *a b c d* , puiffe
s'établir & fe fixer folidement fur le
derriere du potager , avec quatre
clous à vis & à écrou. Voici les dimenfions qui m'ont paru les plus commodes ; chaque particulier pourra les
varier enfuite à fon gré , fuivant fes
befoins.

Avec de petits barreaux de fer de
huit à neuf lignes d'épaiffeur en quarré,
on conftruira un premier cadre *e f g h*;
on donnera aux deux montans la
même hauteur, & aux deux barreaux
traverfans, la même largeur que le
fourneau ; on les fixera aux quatre
coins avec une vis à écrou.

On fera enfuite couper quatre petits barreaux d'un pied de long , dont
les

les quatre bouts *a b c d*, seront terminés en forme d'une raquette, au centre de laquelle on fera un trou pour y placer un clou à vis, destiné à l'attacher sur les bords du potager, sans être obligé de faire usage d'un seul coup de marteau, dont les commotions violentes ébranleroient & anéantiroient la maçonnerie du potager.

Sur les deux barreaux montans du devant, on placera & rivera quatre pitons *n o p q*, pour soutenir les deux volets, en bois de chêne, qui doivent fermer l'entrée de l'étuve le plus hermétiquement possible.

Lorsque cette cage aura été solidement établie sur le potager, on placera dans son intérieur trois ou quatre étages construits en fil-de-fer, tressés sur un petit cadre *r s t u*, de même métal; on les fera poser à la hauteur la plus commode aux vases, plats &

autres objets qu'on se propose d'y placer.

Enfin, avec de petits carreaux de brique, on fera tout au tour de l'étuve une petite maçonnerie qui puisse clôre parfaitement tout l'espace qui se trouve dans les quarrés *a e c f* — *a b e g* — *c d f h* — & *b d g h* : le tout offrira pour lors une petite armoire en tablettes à jour, dont il n'y aura que le devant qui soit ouvert.

Deux petits volets en bois de noyer, sec & fort, suffisent pour fermer cette étuve : mais comme la chaleur du fourneau les expose à se tourmenter, se dilater, se fendre, on préviendra ces inconvéniens, en y adaptant une traverse en bois dans leur milieu, soit en dehors ou en dedans.

Comme la curiosité excite souvent les curieux à ouvrir cette petite étuve, ce qui ne peut que la refroidir, &

occasionner souvent l'altération ou le
retard des objets qu'on y expose ;
j'y fais ordinairement poser une ser-
rure.

Examinons à présent quels sont les
avantages qu'on peut en retirer pour
la délicatesse & la salubrité des alimens.

J'ai vu les Princes de plusieurs
Cours d'Allemagne & d'Italie, ne
vouloir manger les potages , entrées, &c. &c. que lorsque le plat
qui les renfermoit , étoit à une chaleur tempérée ; & dans le fait, leur
visage mâle & leur santé robuste an-
nonçoient que leur régime devoit être
sain. Il est plus salutaire qu'on ne
pense , de ne manger nos alimens
qu'au degré de chaleur le plus analogue à notre estomac & à nos entrailles : *trop chauds* , ils calcinent les
dents , émoussent les papilles nerveu-
ses du palais, énervent les fibres de

l'eſtomac, & affaibliſſent toute la conſ.
titution humaine.

Trop froids, ils ſont viſqueux, dé-
goutans, indigeſtes ; l'étuve ſeule eſt
capable de donner à tous les plats
un degré de chaleur douce & permanente qui facilite la digeſtion des
alimens & aſſure leur ſalubrité : on
peut y dépoſer, au beſoin, douze
ou quinze plats à-la-fois, leur conſerver à tous une chaleur tempérée
& les y laiſſer une heure entiere ſans
craindre qu'un coup de feu ne tourne
ou deſſeche les ſauces ou ne caſſe les
plats. Ils y ſont à l'abri des mouches,
des cendres, de la fumée & de la
ſuye... ; le corps des plats de fayence
ou de ceux d'argent y reçoivent eux-
mêmes aſſez de chaleur pour maintenir les alimens chauds une bonne
demi heure ſur table, ſans faire
uſage de plaques ni de réchauds à
l'eſprit-de-vin ; enfin, l'on n'a plus

l'inconvénient de voir un plat se réfroidir, tandis qu'un autre se mange,
quoiqu'on mette demi-heure d'intervalle entre le Premier qu'on en-
tame & le dernier que l'on sert.

Tous ces avantages · sont encore
plus prétieux, si l'on considere qu'il
n'en coûte aucune dépense journaliere pour en jouir, puisque le même
fagot qui fait cuire la marmite au
bouillon, celle des légumes & les
casseroles, &c. &c., suffit pour échauffer constamment l'étuve au travers de
la cloison de brique qui la sépare du
feu du fourneau.

Enfin, une autre utilité de l'étuve
très-importante à la délicatesse & à
la santé ; c'est la certitude de pouvoir
manger toute l'année des viandes
fraiches & tendres, par la facilité de
pouvoir faire mortifier à l'étuve un
morceau de viande ou une volaille
le même jour qu'elle a été tuée ; il

suffit, en effet, d'y exposer un morceau de bœuf, veau, poule, coq ou
chapon l'espace de cinq ou six heures
pour la mortifier parfaitement ; elle
s'y attendrira peu à peu, & s'avan-
cera au point de pouvoir être mise
à la broche ou en casserolle avec
autant de succès, que si elle étoit
mortifiée depuis plusieurs jours ; cet
avantage est très-prétieux durant les
grosses chaleurs de l'été, où les viandes
crues se gâtent du matin au soir, &
où l'on est réduit à la cruelle alter-
native de manger des viandes dures
ou corrompues ; l'étuve remédie à
ces deux inconvéniens. En été, on
peut, sans crainte, tuer sa volaille la veille, l'exposer tout le
matin au bas de l'étuve, & la faire
ensuite rôtir avant midi, & l'on sera
certain de manger, au chœur de
l'été, des viandes tendres & succulentes, sans redouter jamais le moindre principe de putréfaction.

Tant de motifs utiles & falutaires
& nombre d'autres raifons de commodité ou d'agrément dont les détails feroient trop longs à rapporter
ici, doivent rendre l'étuve importante au fervice des grandes maifons, n'étant plus obligés de faire
ufage des plaques de brique ou de
fonte, ni des réchauds à l'efprit-de-
vin, ni de ces plateaux d'étain à
double fonds, dans l'intérieur def-
quels on verfe de l'eau bouillante
(qui, l'inftant d'après, eft glacée);
on n'aura plus à craindre, pour conferver la chaleur des mets, de déranger ce bel ordre & cette fimétrie
agréable qui fatisfont tous les fens
à-la-fois, & contribuent à l'ornement
& à la fenfualité des tables fervies
avec goût; c'eft ainfi qu'avec plus de
fimplicité & moins de dépenfe, la
table d'un particulier fera fervie avec
autant de délicaffe & de falubrité

F iv

que celles des princes & des souverains.

CHAPITRE XVII.

Uftenfiles Acceffoires.

QUOIQUE la totalité des pieces qui
entrent dans la conftruction du fourneau de fanté, conft'tuent tout ce
qui eft effentiellement néceffaire en
batterie de cuifine, il exifte encore
quelques uftenfiles particu'iers qui lui
font acceffoires, dont on ne peut pas
fe paffer : tels font les objets fuivans.

Ecumoires de diverfes grandeurs.

Cuillers à pot plus ou moins larges.

Paffoires pour les purées.

Tamis pour couler le bouillon.

Cuillers à dégraiffer les entrées.

Couteaux à hacher les viandes.

Hache à couper les pieces de
viandes.

Deux couperets.

Pelles, pinces & lardoires.

Deux terrines ou braifieres pour les aloyaux, gigots & autres pieces quelconques qu'on veut faire riffoler ou cuire fur braife.

Deux poëles à fritures.

Et deux ou trois broches.

Un mortier & fon pilon pour fel, &c.

Un fecond mortier pour les amandes, les fruits ou fucreries, &c. &c.

On voit par cette énumération que les pieces féparées du fourneau de fanté font en petit nombre & d'une modique dépenfe, & que la compofition du fourneau difpenfe d'une grande quantité de pieces couteufes & indifpenfables dans de grandes cuifines.

En effet, la feule marmite au bouillon difpenfe d'avoir dix ou douze marmites étagées, parce que le feu ne la touchant qu'au-deſſous, elle peut également ſervir à un petit pot au feu de trois livres de viande comme à un grand de dix à douze livres.

Les ſept à huit caſſeroles du potager de ſanté diſpenſent également d'avoir trente ou trente-ſix caſſeroles de diverſes grandeurs.

Mon petit four rend inutile toutes les tourtieres, braiſieres, caſſeroles ovales, &c. &c. Objets diſpendieux qui ſervent à orner une cuiſine à grands frais, & dont la plupart des pieces, ſouvent négligées, ſont expoſées à prendre du verd-de-gris & à empoiſonner les maîtres dans un inſtant de négligence où le cuiſinier, preſſé de faire deux ou trois plats imprévus, s'en ſert avec précipitation ſans y regarder d'aſſez près.

Il peut ſe faire que je me trompe, mais je penſe que ſi beaucoup de maladies qui attaquent les particuliers opulens, leur font occafionnées par les engorgemens des mets dont ils mangent avec trop d'abondance, la plupart ne leur font funeftes & ne leur caufent tant de douleurs aigues que par cette rouille invifible du verd-de-gris qui s'engendre facilement fous peu de jours fur toutes les pieces de cuivre, fur-tout dans ces cuifines baffes & humides, telles qu'on les voit dans prefque toutes les grandes maifons de la capitale.

Mon fourneau de fanté, au contraire, réunit tous les avantages des batteries de cuifine ordinaires, fans avoir les mêmes dangers à courir ; mais je prévois d'avance qu'un changement auffi conféquent dans la compofition d'une cuifine faine, va révolter beaucoup d'artiftes, d'ouvriers, de Cuifiniers modernes, & que fi mes obfervations font peut-être accueillies aujourd'hui par les nouveaux

ménages , jaloux de modérer des dépenfes inutiles & dangereufes , elles
ne feront plus généralement adoptées
que lorfque l'expérience aura convaincu de l'économie qui réfulte de
faire ufage d'un fourneau de fanté,
de la délicateffe des mets qu'on y
y prépare, & de leur parfaite falubrité
dans toutes les faifons de l'année.

J'invite les perfonnes , peu verfées
dans la phyfique humaine , à con-
fulter fur ce point important des na-
turaliftes ou phyficiens éclairés, fans
écouter les clameurs d'une routine
aveugle que la crainte des nouveautés
révolte fouvent fans raifon.

CHAPITRE XVIII.

Fourneau des grands Seigneurs.

Comme là cuisine des personnes en place ou des grands seigneurs ne diffère de celle des particuliers aisés que par le nombre, le volume & la diversité des mets, il suffit de multiplier les fourneaux & donner plus d'ouverture & de profondeur aux marmites, casseroles, &c. pour obtenir les mêmes succès.

Ainsi, sans rien changer à la forme & aux moyens de construction du fourneau de santé, décrit ci-devant, il ne s'agit que de donner plus d'étendue & de profondeur à toutes les pieces qui le composent, au lieu d'un fourneau en avoir deux pour la cuisine d'un riche particulier.

Quatre fourneaux pour un grand seigneur, six pour l'hôtel d'un prince ou des ministres obligés, par état, à un grand ton de représentation.

Enfin, dix, douze, quinze ou vingt fourneaux suffiroient pour varier à l'infini la cuisine des souverains, & fournir tous les moyens faciles de leur offrir au besoin, dans des fêtes brillantes, jusqu'à cents plats sur table à chaque nouveau service.... Cette division de fourneaux n'a point d'embarras, & donne au contraire, la faculté de n'en employer que quatre, six, huit, suivant la quantité de mets dont on a besoin chaque jour.... Ainsi multipliés, ils consument bien moins de bois qu'un seul fourneau, dont la vaste étendue exigeroit des troncs d'arbres entiers & des brasiers énormes pour les gouverner; enfin, puisque des souverains bienfaisans nous annoncent & nous donnent l'exemple d'une fomptuofité réglée par une fage économie, nous ofons efpérer que la conftruction & l'ufage des fourneaux de fanté, protégés par leur bienveillance, ne feront peut-être pas dédaignés un jour dans leur propres Palais, lorfque l'expérience aura prouvé qu'en diminuant leurs dépenfes, ils peuvent, à moins de frais, offrir tous les agrémens du luxe & de cette fage fomptuofité qui annonce la majefté des Trônes, & l'économie des Souverains bienfaifans.

LIVRE II.

Des Bouillons, Gelées & Consommés.

CHAPITRE PREMIER

Du Bouillon de Santé.

Les potages, le bœuf les entrées, &c. étant le fondement d'un repas, il est essentiel que le bouillon, qui en fait la base, soit d'une qualité substantielle & restaurante, pour alimenter tous les mêts qui doivent en être mouillés. C'est principalement au défaut de substance du bouillon, & à la mauvaise maniere dont il est fait, que j'attribue l'invention des roux & coulis, dont les influences pernicieuses sont

aujourd'hui trop connues pour s'y livrer journellement fans imprudence,
fur-tout lorfqu'on poffede des moyens
plus certains & bien plus agréables
d'y fuppléer.

Examinons d'abord quels font les
obfervations néceffaires pour compofer d'excellent bouillon, qui foit à la
fois & fucculent & falutaire : car il
eft prouvé par l'expérience, qu'avec
quantité de bonnes viandes, on fera
toujours de mauvais bouillon, s'il
n'eft pas conduit avec intelligence &
avec foin.

Quoique le veau, le mouton, &c.
puiffent faire du bouillon paffable, il
eft ordinairement fi blanc & fi foible,
tel qu'on le fait, qu'il eft plutôt propre à des perfonnes convalefcentes,
dont l'eftomac eft encore débile,
qu'à des gens en bonne fanté. Le bœuf
de bonne qualité, & fur-tout la tranche, offre la meilleure viande pour

faire du bouillon restaurant ; soit qu'on le fasse dans les marmites de mon fourneau de santé ou dans les marmites ordinaires.

Voici la maniere de le faire excellent dans les maisons où l'on n'aura pas de potager de santé :

Sur six livres de bœuf, versez quatre pintes d'eau fraîche (& ainsi à proportion pour plus ou moins de viande), placez votre marmite devant un feu modéré, qui puisse échauffer l'eau vivement, sans la faire bouillir, durant une demi-heure ; si l'eau bouilloit tout de suite, elle n'auroit pas le tems de pénétrer tout l'intérieur de la viande, & de la dégorger du sang caillé & autres parties hétérogenes qui doivent sortir en écume ; la viande saisie par une chaleur violente, se racorniroit tout au tour, comme à demi brûlée, auroit moins d'apparence, & ne rendroit presque point de sucs dans le bouillon ; au contraire, en tenant l'eau un certain tems dans un chaleur brûlante, sans bouillir, le bœuf se gonfle, se pénetre, s'attendrit ; tous ses fibres dilatées par une chaleur douce & graduelle, donnent à l'eau beaucoup de subftances nutritives, & se purifient parfaitement, en rendant quantité d'écume, qu'on aura soin de bien enlever à mesure qu'elle surnagera.

Ce n'eft qu'après une grosse demi-heure d'infusion brûlante, & une heure entiere dans les grandes marmites qui renferment douze ou quinze livres de viande, qu'on peut commencer à rañimer le feu pour les faire bouillir : on continuera toujours à enlever l'écume, & lorfqu'il n'en paroîtra plus, on salera son potage, & on y ajoutera quelques carotes, avec un oignon piqué de deux cloux de

gérofle : le choix & la quantité des
légumes , doit être fubordonné au
goût & à la fanté des maîtres ; mais il
eſt important de n'en pas mettre beaucoup , parce qu'ils affoibliſſent toujours le bouillon , & lui communiquent une couleur blanche & pâle,
qui , n'étant agréable , ni à l'œil , ni
à l'odorat , n'eſt pas ordinairement recherchée par des Cuiſiniers délicats.

. Le ſel & les légumes rendront encore un peu d'écume , qu'on enlevera
auſſitôt : alors , on tiendra ſa marmite à ſuffiſante diſtance du feu ,
pour qu'elle bouille très-doucement
& avec égalité , ſans jamais ſe pré-
cipiter : on y réuſſira facilement, ſi
l'on retire de la cendre avec un peu
de braiſe au pied de ſa marmite , en
l'éloignant du braſier ardent , & ſur-
tout en tenant ſon vaiſſeau parfaitement couvert , car toute eſpece de
bouillon dont les ſucs s'évaporent à

découvert par une longue ébullition,
qui tantôt verſe, & tantôt ne bout
plus, ne peut jamais produire qu'un
bouillon deteſtable, ſans ſubſtance &
ſans goût.

Les trois choſes les plus importantes à conſidérer pour faire du bouillon
ſucculent, ſont, 1°. le choix d'une
viande ſaine, bien nourrie, & d'un
animal qui ne ſoit pas vieux ; 2°. la
faire bouillir doucement, avec une
égalité conſtante ; 3°. tenir le vaſe
ſoigneuſement couvert.

Une ébullition douce, égale &
lente, diſſout parfaitement tous les
ſucs nutritifs coagulés ou pétrifiés dans
l'intérieur des viandes ; les os mêmes
s'y attendriſſent, & donnent une
quantité de ſucs étonnante, qui contribue beaucoup à fortifier le bouillon.

Enfin, le ſoin de tenir ſa marmite
conſtamment fermée, empêchant le
bouillon de s'évaporer, oblige toutes

ſes vapeurs de ſe condenſer en gouttes, qui, retombant dans le vaſe, l'alimentent, lui conſervent toutes ces parties fines & ſubſtantielles, qui s'exhalent en pure perte pendant le bouillonnement.

Cinq ou ſix heures d'ébullition ſuffiront pour ſa coction parfaite, s'il a toujours bouilli avec douceur; mais quand la viande eſt aſſez cuite, & le bouillon fait, on peut retirer la marmite, pour qu'elle ne faſſe plus que frémir; ſans quoi, le bœuf trop cuit, tomberoit en pâtée, & n'auroit plus ce coup-d'œil flatteur d'une piece tremblante ſous le couteau.

On évitera ſur-tout, ſi l'on eſt jaloux d'avoir de bonne ſoupe, de ne jamais rallonger ſon bouillon avec de l'eau : cela ne ſera jamais néceſſaire, ſi l'on a été ſoigneux de le tenir toujours couvert, parce que les vapeurs y retombent ſans ceſſe, il n'aura pas diminué d'un pouce durant six heures d'ébullition.

Lorſque le bouillon eſt bien fait, il doit être d'un beau blond doré. On écumera ſoigneuſement la graiſſe qui ſurnagera, après quoi on le paſ- ſera au travers d'un tamis de crin, pour l'employer à faire des ſoupes excellentes.

Je crois devoir obſerver ici, que l'habitude de beaucoup de maiſons, de ne manger la ſoupe que lorſqu'elle a long-tems mitonné, eſt très-mal ſaine: cette pâte épaiſſe & gluante, eſt une vraie colle ſur l'eſtomac, qui, toujours indigeſte, dérange toutes ſes fonctions, en commençant le re- pas par une véritable indigeſtion. Quoiqu'il ſoit ſans doute difficile de renoncer à un abus auſſi généralement adopté, je crois qu'il ſuffiroit d'ex- poſer la ſoupe un quart-d'heure ſur un feu modéré, pour que le pain ou les croutes rôties fussent parfaitement attendries & pénétrées de la substance du bouillon : les potages en seroient alors d'une digestion facile, & d'une qualité plus restaurante.

CHAPITRE II.

Bouillons de Veau.

PRENEZ de la tranche de veau, ou tout au moins un morceau entrelardé, qui soit bien fourni en chair; mettez-le dans une grande casserole sur une tranche de lard, faites-le suer demi-heure, en soignant de le retourner sur tous les sens, jusqu'à ce qu'il ait pris un œil doré de tous côtés; ensuite, l'eau de votre marmite étant bouillante, jettez-y le veau rissolé, ajoutez-y oignons, carottes, & une demi-livre de bœuf;

pour

pour donner au bouillon plus de confiftance & de goût, & faites-le bouillir enfuite à petit feu, fuivant les
principes détaillés dans le chapitre
ci-devant, qu'il faudra toujours ob-
ferver pour toutes fortes de bouillons
de viande.

Le bouillon de veau, fait de cette
maniere, eft excellent pour les perfonnes en fanté & pour les malades :
en le faifant fuer une demi-heure dans
la cafferole, on le dépouille de cet
excès d'humidité qui le rend fade &
indigefte ; le demi-roux qu'il y reçoit, donne au bouillon une couleur
dorée & un goût excellent, au point
que des palais délicats ont cru fouvent
qu'un tel bouillon étoit fait avec des
volailles, & non pas avec du veau.

On obfervera feulement que pour
les malades, il faut le tenir plus clair ;
c'eft à-dire, employer à fa diffolution
une plus grande quantité d'eau bouil-

lante, qui ne peut être sagement déterminée que par le Médecin du malade.

Si on veut le dégraisser entierement, il faudra le couler au travers d'une serviette blanche, qu'on aura trempée auparavant dans de l'eau froide ; la fraîcheur de la serviette y coagulera la graisse, & ne laissera écouler que le bouillon dégraissé.

CHAPITRE III.

Bouillon de Mouton.

ON peut faire d'assez bon bouillon avec du mouton seul, en le gouvernant exactement suivant les principes du chapitre premier ; mais on réussira à le faire excellent, si on a le soin de le faire un peu suer à la casserole, comme le bouillon de veau

précédent. Le mouton étant naturellement une viande blanche, a besoin
d'être dépouillée de son excès d'humidité ; & sa fadeur ordinaire se
change en saveur très-agréable, lorsqu'on y ajoute un très-petit morceau
de porc frais, environ un quarteron
sur quatre livres de viande.

Cette maniere de bouillon est usitée
en Languedoc, en Provence & dans
la plupart des provinces méridionales
de France, où le bœuf est rare ou mauvais. L'air de santé dont jouiffent les
habitans de ces contrées, qui s'en
nourriffent tous les jours, prouve qu'il
est vraiment salutaire. J'ajouterai que
durant mon séjour dans ces climats,
je n'ai presque jamais mangé d'autre
soupe, & que j'en trouvois les potages à peu de chose près aussi succulens
que les bouillons de bœuf.

CHAPITRE IV.

Bouillons mélangés, pour nourrir les sauces, potages, entrées, légumes, &c. &c.

Dans les bonnes maisons bourgeoises, où l'on mange journellement des entrées avec des légumes accomodés au gras, il est essentiel de les nourrir avec du bouillon mélangé : cette méthode, connue dans la capitale, n'est généralement usitée que dans les climats méridionaux de l'Europe ; elle est restaurante, & d'autant plus salutaire, qu'avec ce genre de bouillon, on peut se passer des jus, des roux & des coulis, qui ne peuvent satisfaire les palais usés, qu'en exposant tous les corps à une foule de maladies aigues & inflammatoires,

Voici la maniere la plus faine & la plus fucculente de les compofer. Prenez un morceau de bœuf de bonne qualité , environ quatre livres, un jarret de veau, & une poule ou un chapon ; faites-les frémir , écumer & bouillir , en fuivant les obfervations du chapitre premier ; ajoutez-y fel, oignons , piqués avec trois clous de gérofle , carottes , navets & céleri ; & après qu'il aura bouilli l'efpace de quatre ou cinq heures , vous vous en fervirez à nourrir vos entrées & légumes , & ils feront auffi fucculens que s'ils avoient été alimentés avec des jus.

De cette maniere , le bœuf , la volaille & les jarets de veau , peuvent offrir trois plats différens dans un ménage intelligent : le bœuf au milieu , le chapon en ragoût , & les pieds de veau à la fauce blanche. La parfaite coction que ces trois efpeces d'ani-

maux ont reçue dans le même vase &
le même bouillon, les rend susceptibles d'une digestion facile, qui doit
les faire rechercher des personnes valétudinaires, qui desirent fortifier leur
santé.

N. B. Ce bouillon composé peut
se garder facillement deux ou trois
jours ; mais si on desiroit l'avoir encore plus substantiel & restaurant,
on peut faire hacher le bœuf, désosser le chapon & le hacher aussi,
mettre le tout à la presse & en faire
exprimer tous les sucs, pour les mélanger au bouillon composé : de cette
sorte, on en tirera toute la substance ; mais alors, il faut faire le
sacrifice des viandes qui ne sont plus
bonnes qu'à engraisser des volailles.

CHAPITRE V.

Bouillon de Volailles & de Poulets.

C'EST avec de bonnes volailles qu'on fait, en Provence & en Italie, les potages de santé les plus succulens; on les tue de la veille, on les fait mortifier à l'étuve sept à huit heures, puis on les fait bouillir à petit feu dans deux pintes d'eau pour chaque poule ou chapon; on y ajoute une livre de bœuf, coupé par petits morceaux, avec oignons, célery, carottes & fines herbes, & on laisse le tout se réduire en bouillant lentement dans une marmite bien fermée.

C'est principalement dans cette espece de bouillon que les vermichels, macaroni, le riz & toutes les pâtes fines d'Italie, sont vraiment délicieuses

& l'emportent de beaucoup sur toutes les autres qualités de potage.

Ce bouillon dont on peut faire usage pour toutes sortes de soupes, est, on ne peut pas plus sain, pour les personnes en santé, & très-salutaire pour les personnes foibles ou convalescentes qui desirent de rétablir leurs forces.

Quant aux bouillons de poulets, il ne peut convenir qu'à soutenir & rafraîchir des malades attaqués de maladies aigues, &c., &c..... Il consiste à faire bouillir un jeune poulet dans plusieurs pintes d'eau, avec quelques herbes analogues à la santé du malade.

CHAPITRE VI.

Bouillon de Dindes, Oies & Canards.

C'est avec ces trois especes d'oiseaux domestiques que les Cuisiniers des grandes maisons font quelquefois de bons potages, d'un goût agréable & même assez succulens. Ils les font exactement de la même maniere que le bouillon de volailles ; mais quoiqu'on en fasse assez généralement usage sur la table des grands seigneurs dans plusieurs cours d'Italie, il est certain que le bouillon qui en résulte est naturellement pesant, fastidieux & indigeste.

Comme les bouillons de veau ou ceux de volailles sont infiniment supérieurs, pour le goût, moins dispendieux & plus salutaires, je ne

G v

m'arrêterai pas à d'autres qui ne les valent pas, & qui, bien loin d'être utiles à la santé, ne peuvent que la déranger & altérer à la longue les tempérament même les plus vigoureux.

CHAPITRE VII.

Bouillon de Porc.

LE bouillon du cochon domestique qui sert à faire la soupe de presque tous les peuples des campagnes de France & d'Italie, ne peut être facilement digéré que par des habitans robustes, dont l'estomac est capable de tout broyer sans danger.

Ce bouillon seul est très-pesant, très-indigeste & d'un goût insipide; il ne peut faire qu'un chyle de mauvaise qualité; le porc qu'on y emploie étant presque toujours salé, rend ce breuvage âcre, échauffant & mal-sain pour des personnes séden-taires qui ne font journellement qu'un exercice modéré.

Il doit, par conséquent, être banni de toutes les cuisines des villes & de toute maison prudente, dont les maîtres sont jaloux de conserver leur santé.

CHAPITRE VIII.

Bouillon de Sanglier, Chevreuils, &c.

Dans plusieurs cantons où il y a abondance de bêtes fauves, on fait assez souvent bouillir des pieces de sanglier, de chevreuil, daim, &c. &c., dont le bouillon sert à faire la soupe. Il est certain qu'un robuste chasseur ou un bon campagnard peuvent en manger impunément; mais les fucs visqueux & la chair gluante & filandreuse de ces animaux, ne peuvent jamais produire qu'un bouillon pesant & mal-sain, dont l'usage continué ne sauroit être salutaire.

J'ai même observé que plusieurs braconiers de profession qui s'en nourrissoient les trois quarts de l'année, étoient d'une maîgreur affreuse & d'un sang épuisé qui annonçoit le marasme le plus décidé; preuve évidente que les sucs de ces animaux ne possedent aucunes des qualités salutaires à la nutrition humaine; ils ne peuvent donc servir qu'à flatter la somptuosité des grands & à altérer souvent leur santé.

CHAPITRE IX.

Bouillons de Lapins, &c.

LA chair d'un lapin, jeune &
tendre, offre toutes les qualités néceffaires pour faire du bouillon excellent; on en fait fouvent en Provence,
& je puis dire qu'il ne le cede en
rien pour l'agrément du goût & la
falubrité aux meilleurs bouillons de
volailles, lorfqu'ils ont été nourris
en plein champ de thim, ferpolet,
lavande & plufieurs plantes aromatiques; on peut même avec ce potage tromper les connoifeurs délicats, & je fuis convaincu qu'au défaut de volailles, on pourroit en faire
ufage pour des valétudinaires & des
convalefcens avec autant de fuccès.

Il eft certain qu'il eft excellent pour

les perfonnes en fanté, & que ceux qui ont abondance de lapin peuvent avoir l'agrément d'épargner beaucoup de viande de boucherie.

Le lievre n'offre pas la même fubftance ni la même falubrité; le bouillon en eft noir, pefant, indigefte & ne peut être fervi fur de bonnes tables.

Quant à la maniere de le faire, on fuivra exactement les détails énoncés au chapitre premier du fecond livre, en obfervant auparavant de le faire bien nétoyer, & d'en ôter la veficule qui renferme le fiel, &c.

CHAPITRE X.

Bouillon de Perdrix.

UN bouillon excellent, fubftantiel & agréable quoiqu'échauffant; c'eft celui qu'on peut faire avec deux bonnes perdrix : on les dépouille & on les fait bouillir lentement trois ou quatre heures dans deux pintes d'eau, avec un peu de veau pour en adoucir la saveur; on y ajoute quelques légumes, en le gouvernant suivant les principes du chapitre premier, puis on le passe au tamis pour s'en servir à faire des Riz au gras, des pâtes d'Italie ou des potages au pain qui font très-restaurans, & propres à rétablir, en peu de tems, les personnes épuisées par des excès quelconques qui ont affaibli ou exténué leur tempérament.

Je le crois en cela préférable aux bouillons de coq qu'on prescrit ordinairement, parce qu'ils contiennent une plus grande quantité de sucs sous un plus petit volume, & que la chaleur des perdrix, étant tempérée par la fraîcheur & l'humidité du veau, il en résulte un potage à-la-fois nutritif & fortifiant, qui est également convenable aux jeunes gens épuisés & aux vieillards délicats qui ont besoin de ranimer leurs forces; j'en ai vu, dans ces deux cas, des effets étonnans, mais je dois observer ici que les vieillards doivent toujours le boire chaud, & que les jeunes, au contraire, qui veulent en peu de tems réparer un épuisement, doivent toutes les deux heures avaler une écuelle du bouillon de perdrix à froid; ils s'en rassasieront moins vîte, le digereront plus promptement, & éprouveront bientôt un rafraîchissement salutaire qui les fortifiera en peu de tems & leur rendra bientôt tout leur vigueur ordinaire.

CHAPITRE XI.

Bouillons de Coqs.

S'il y avoit autant de perdrix dans toute l'étendue du royaume, qu'il y en a aux environs de la capitale, je n'aurois pas fait mention des bouillons de coqs; mais comme dans les trois quarts des provinces de ce royaume elles y font d'une rareté & d'une cherté extrême, tandis que la campagne fourmille de volailles & de coqs, j'ai cru nécessaire de les annoncer ici comme celui qu'on suppose le plus restaurant.

Pour le faire bon, il faut avoir un coq, jeune encore, & le faire cuire lentement dans très-peu d'eau, avec la moitié d'une poule & deux oignons piqués de gérofle : on le fait

bouillir très-long-tems, c'est-à-dire,
l'espace de huit à dix heures, jusqu'à ce que la chair commence à se
détacher elle-même des os.

Pour lors, on le sort, on acheve
de le désosser, on pile toute sa chair
dans un mortier, & on la met à la
presse pour rendre tout son suc ; on
mêle ce suc dans le bouillon de coq,
on le passe au tamis & on en boit
un grand verre toutes les heures.

C'est un bouillon vraiment restaurant, mais il a le défaut d'échauffer
le sang ; c'est pourquoi, lorsqu'on en
fait usage, il est prudent de ne faire
aucun exercice échauffant du corps
& de l'esprit ; il peut suppléer avantageusement au défaut du bouillon
de-perdrix, mais d'après les effets
que j'ai vus de l'un & de l'autre,
je suis convaincu que celui de perdrix
méritera toujours une préférence écla-
tante.

Il faut éviter d'y employer de vieux coqs, leur chair sèche & filandreuse n'a plus ni sucs ni substance, & ne peut par conséquent donner ce qu'elle ne possede pas.

J'observerai enfin qu'au défaut de perdrix, je préférerai le bouillon des chapons & poulardes à tous les bouillons de coqs : ils sont certainement plus restaurans, moins échauffans & possedent cette grande abondance de sucs nutritifs & fortifians, seuls capables de réparer promptement les forces vitales.

CHAPITRE XII.

Bouillon de Faisans.

QUOIQUE ce bouillon ne soit connu que dans les cantons favorisés, où l'abondance du faisan permet d'en

varier les préparations, il est certain
que les sucs délicieux & nourrissans
de cet oiseau fournissent des potages
excellens ; en les faisant cuire suivant
les principes du chapitre premier, on
en retirera d'abord une volaille très-
délicate à manger au gros sel , sur-tout,
s'il est jeune & gras , & le bouillon
qu'il aura produit ne le cédera en
rien , pour sa bonté succulente , aux
potages de chapons & de poulardes,
il a même une saveur plus fine &
peut-être plus restaurante encore.

Il est d'un usage salutaire & fortifiant pour les convalescens , les infirmes & principalement pour toutes
personnes qui ont besoin d'acquérir
des forces perdues.

Les personnes en santé y trouveront le triple avantage d'une nourriture saine, délicieuse & fortifiante.

CHAPITRE XIII.

Bouillon de Gibier.

C'EST avec des pieces de menu gibier, comme de bécasses, tourterelles, rameraux, cailles, alouettes, grives & perdreaux, qu'on fait un bouillon succulent & délicieux que les chasseurs piémontois & provençeaux appellent le *Bouillon des Sauvages*; le mêlange du goût de ces différens oiseaux donne au potage une saveur très-agréable, nourrissante, mais échauffante; & s'il convient à des chasseurs agiles, ce ne peut être qu'à ceux dont les tempérament desséchés ont besoin de réparer un épuisement continuel.

Leur maniere de le faire est assez ingénieux, après avoir plumé & pré-

paré leurs différens oiseaux, ils les
jettent pêle & mêle dans une marmite de moyenne grandeur, avec
quelques morceaux de petit lard; ils
ne mettent dans le vase qu'une pinte
ou deux d'eau, & laissent le tout se
cuire à petit feu & se réduire en
bouillonnant l'espace de trois ou quatre heures.

Alors ils retirent leur même gibier dans des plats, avec une partie
de la sauce qu'il a produit, qui est
un vrai consommée; ils versent dans
l'autre partie de ce bouillon cinq ou
six verres d'eau bouillante, sel, poivre
ou muscade, & font bouillir le tout
un quart d'heure, dont ils trempent
des soupes succulentes & délicates.

Mais attendu que ces sortes de
potages sont dispendieux & échauffans; ils ne peuvent convenir qu'à
des vieillards glacés ou à des particuliers opulens; dans les cantons où

il y a abondance de gibier, on pourra,
dans des maisons peu nombreuses,
en faire assez souvent avec une perdrix
& quelques cailles, ou bien avec des
tourterelles & grives, en les combinant soi-même suivant ce que le
hasard peut nous procurer.

J'ajouterai ici que la sarcelle, qui
est un petit canard sauvage, fournit
aussi du bouillon estimé par les chasseurs méridionaux ; mais je croirois
que ceux que nous venons de décrire
méritent la préférence à beaucoup
d'égards.

CHAPITRE XIV.

Bouillon de Foulque & de Pluvier.

LA foulque & le pluvier, dont
les gourmets font assez de cas, sont
deux oiseaux qui barbottent volon-

tiers dans les marais & les lieux aquatiques, en les faisant bouillir lentement dans un petit volume d'eau,
on en retire des bouillons fortifians,
mais qui ne font pas aussi délicats
ni salutaires que les précédens; la
chair noire & filandreuse de la Foulque, étant d'une digestion laborieuse,
ne donne pas une assez grande abondance de sucs pour justifier les éloges
qu'on lui a donnés.

Le pluvier qui lui est bien supérieur pour le goût & la salubrité,
peut corriger les sucs de la poule
d'eau; mais quoiqu'un fameux Cuisinier de Provence m'ait assuré avoir
souvent fait des potages très-succu-
lent, en réunissant la foulque au pluvier, n'ayant jamais eu l'occasion d'en
goûter, je ne saurois en donner une
juste analyse.

❊

CHAPITRE

CHAPITRE XV.

Des Gelées animales.

RIEN n'est plus aisé que de produire d'excellentes gelées avec les bouillons dont nous avons parlé ci-devant; il ne s'agit que de les faire réduire à moitié en bouillant toujours lentement; cette opération est longue & exige beaucoup de patience pour qu'elles ne se brûlent pas, mais aussi lorsque deux pintes de bon bouillon ont été réduites à une par une coction douce & lente, il en résulte un aliment très-précieux aux personnes délicates & aux convalescens qui ne peuvent pas digérer d'autres préparations alimentaires.

Si l'on desire que la gelée soit parfaitement transparente, on la puri-

fiera avec des blancs d'œufs fouettés
que l'on y jettera.tandis qu'elle bout,
l'œuf ramasse & empâte toutes les
parties grossieres & les entraîne au
fond; alors on passera sa gelée au
travers d'une serviette qui soit peu
serrée, en observant de la faire couler
dans des assiettes ou des vaisseaux qui
aient peu de profondeur, & la gelée
ne tardera pas à s'y coaguler.

Il est facile à concevoir qu'avec
toutes les manieres de bouillon que
nous venons de décrire, on peut, en
les réduisant à petit feu, les convertir en gelées plus ou moins fortes;
on les varie de même à l'infini, en
combinant ensemble les sucs de plusieurs especes d'animaux, afin de prévenir le dégoût & satisfaire la sensualité.

Celles qui sont simplement faites
avec les jus des viandes, sans addi-
tion d'aucune matiere mucillagineuse

pour les coaguler, font les plus falutaires & celles qu'on doit employer
de préférence pour les malades. &
convalefcens ; parce qu'elles font
faines, nourriffantes, fortifiantes &
ne caufent que peu de fatigue à l'eftomac pour les digérer.

Tous les Cuifiniers font aujour-
d'hui dans l'ufage de faire des gelées
animales, en y ajoutant de la corne
de cerf, de la rapure d'ivoire, des
jarrets de veau, &c. &c. &c. Quoique
leur méthode foit plus tranfparente
& plus agréable au coup-d'œil, elle
n'eft certainement pas auffi falutaire.

Je crois cependant que les perfonnes en fanté peuvent en faire ufage
fans inconvénient ; voici la maniere
dont ils la compofent :

Prenez une bonne volaille, foit
poule, coq ou chapon, ou bien telle
autre efpece de viande qu'il vous
plaira, du poids d'environ trois ou

quatre livres; ajoutez-y un jarret de
veau, & faites bouillir le tout trois
ou quatre heures après l'avoir soigneu-
fement écumé, sans y mettre aucuns
légumes; laissez ensuite reposer le
bouillon, dégraissez-le, passez-le au
ramis, & le versez doucement dans
une cafferole pour le faire clarifier,
avec une ou deux tranches de citron
ou quelques blancs d'œufs fouettés
que vous y jetterez lorsque le bouillon bouillira; enlevez avec soin toute
l'écume qu'il dégorgera; & lorsqu'il
paroîtra bien clair & bien transparent, vous le ferez réduire à petit
feu, jusqu'à ce qu'une goutte versée
dans une affiette froide s'y coagule
l'instant d'après; lorsqu'elle sera au
point convenable, vous la sortirez
du feu pour la mettre au frais, où
elle ne tardera pas à prendre.

Lorsqu'on emploie des rapures de
corne de cerf à la place du jarret de

veau, cela produit les gelées de corne de cerf, qui font ordinairement plus légeres & plus délicates ; mais elles exigent une cuiſſon plus longue, parce que la corne de cerf, quoique rapée, eſt d'une longueur étonnante à diſſoudre.

D'autres employent, avec le même ſuccès, de la rapure de morceaux d'ivoire ou de den t d'éléphant, qui n'exige pas moins de patience, mais qui produit auſſi de ſuperbes gelées ; du reſte, la maniere de les combiner avec toutes ſortes de viandes, eſt abſolument la même que la gelée faite avec du jarret de veau.

J'obſerverai ſeulement ici qu'on réuſſiroit plus promptement & plus parfaitement dans les gelées de cornes de cerf & de rapure d'ivoire, ſi on les faiſoit diſſoudre en eau bouillante deux bonnes heures avant d'y ajouter de la viande : la diſſolution en ſeroit

non-feulement moins longue, mais
les viandes qu'on y emploieroit pourroient encore fervir à des préparations
utiles, parce qu'elles n'auroient pas
eu le tems de tomber en bouillie,
& d'envelopper la corne de cerf d'une
pâte qui empêche l'eau bouillante de
la diffoudre facilement.

CHAPITRE XVI.

Bouillon fait dans une heure.

Lorsqu'on fe trouve avoir promptement befoin d'un bouillon, foit
pour un malade ou pour un objet
de cuifine, il n'y a qu'à prendre une
livre de bœuf ou de veau, le couper en petits quarrés, y donner quatre
coups de couperets pour le hacher à
demi, & le jetter dans une cafferole
avec un oignon, une carote, un

peu de lard, & un demi verre d'eau; laiffez le tout mitonner & fuer un quart d'heure, jufqu'à ce qu'il commence à s'attacher à la caflerole, verfez y alors un verre d'eau bouillante & un peu de fel, faites bouillir le tout une bonne demie heure, paffez-le au tamis, & le fervez fur-le-champ.

CHAPITRE XVII.

Des Confommés.

UN confommé n'eft autre chofe qu'un excellent bouillon qu'on a rendu fort fucculent & reftaurant en le faifant bouillir très-long-tems; on fent qu'il eft facile de réduire en confommé toutes fortes de bouillons quelconques.

Mais dans l'état préfent de la cuifine

moderne, on appelle ordinairement *Consommés* des bouillons composés de plusieurs especes de viandes dont on a retiré les sucs les plus abondans par une cuisson de dix ou douze heures, chaque Cuisinier a ordinairement sa recette particuliére ; mais dans le grand nombre & la variété des consommés que j'ai goûtés, voici la composition qui m'a paru la plus saine, la plus restaurante, la plus convenable a des convalescens & à tous les apprêts d'une cuisine délicate.

Mettez au fond d'une casserole quelques oignons coupés par tranches, sur lesquels vous asseoirez quelques tranches de bœuf, environ deux livres, — deux livres de veau coupés par tranches, — deux perdrix, — une bonne poule avec une tranche de jambon, faites suer le tout à grand feu, en l'arrosant avec un peu de bouillon claire, retournez souvent

chaque piece, afin qu'elles se rissô-
lent légèrement & également de tous
les côtés ; lorsqu'on verra que le bœuf
ou le veau commencent à vouloir
s'attacher à la casserole, on y versera
trois ou quatre pintes de bouillon
clair.

Transvasez le tout dans petite
marmite bien fermée ; ajoutez-y un
bouquet de fines herbes & deux cloux
de géroflé piqués dans un oignon
blanc, placez la marmite sur le potager, avec feu de charbon dessous (ou
bien sur le fourneau de santé, si l'on en
a un), & laissez-y bouillir le tout à
petit feu, l'espace de sept à huit heures, en la tenant toujours fermée, &
ne la découvrant pas souvent.

Lorsque ce consommé est fait, il
est ordinairement doux, agréable,
très-parfumé, & d'un goût restaurant, qui excite l'appétit. Sa couleur
doit être d'un jaune doré, tirant sur

le brun : lorſqu'il eſt fait avec ſoin, c'eſt un excellent cordial pour les convaleſcens, qui ont beſoin d'acqué-rir des forces ; & les cuiſiniers intel-ligens, préferent employer ces con-ſommés à former d'excellens potages, à mouiller leurs ſauces d'entrées, gi-bier, &c. plutôt que ces roux & cou-lis, qui ſont de vrais poiſons agréa-bles.

Comme tous les conſommés, ſou-mis à une longue ébullition, entraî-nent ſouvent beaucoup de petites par-ticules animales qui en troublent la limpidité, lorſqu'on voudra les puri-fier, & les rendre bien tranſparens, on y jettera quelque blancs d'œufs fouettés lorſqu'ils bouillent, après quoi on les paſſera au travers d'une ſerviette mouillée d'eau froide, & on recueillera un conſommé auſſi limpide que du criſtal.

CHAPITRE XVIII.

Tablettes de Bouillon, ou Bouillon portatif.

Prenez vingt livres de tranche de bœuf, dix livres d'un veau déjà fort, deux jeunes cocqs, & telles autres volailles que l'on voudra ; coupez le bœuf & le veau par tranches d'un demi-pouce d'épaisseur, & les rangez à sec dans une grande marmite ; entremêlez-y vos deux cocqs, après les avoir dépecés par morceaux.

Faites dissoudre deux livres de rapure de corne de cerf dans quatre pintes d'eau bouillante, jusqu'à ce qu'elle produise une dissolution limpide & très-épaisse ; passez-là au travers d'un gros linge, & la versez dans votre marmite, que vous achèverez

H vj

de remplir avec de l'eau commune.

Luttez-en le couvercle avec de la
pâte de farine, & faites bouillir le
tout lentement dix ou douze heures;
séparez alors les os de la viande, hachez toute la chair, & la portez à la
presse, pour en exprimer le jus.

Mélangez-le avec le bouillon de la
marmite, & passez le tout au travers
d'un tamis de crin; laissez refroidir
le consommé, pour en enlever toute
la graisse.

Remettez-le pour lors cuire à feu
doux, jusqu'à ce qu'il ait acquis assez
de consistance pour se coaguler en gelée ferme & transparente : on aura
soin, sur la fin, de le remuer souvent, afin qu'il ne se brûle pas.

Versez-le sur une planche de chêne
ou dans de très-grands plats; & lorsqu'il sera pris en consistance solide
& très-ferme, vous le découperez par
petits quarrés de la grandeur d'une

carte, & vous acheverez de les faire
durcir en les mettant à la chaleur d'un
four, après qu'on en aura forti le
pain.

Il fe conferve bon des années entieres, fans jamais fe corrompre, en
le tenant en lieu fec. On en fait diffoudre une tablette dans une chopine
d'eau bouillante, & on peut par ce
moyen, fe procurer toujours de la
foupe graffe, lorfqu'on ne peut avoir
de la viande fraîche.

CHAPITRE XIX.

Bouillons rafraîchiſſans.

LES bouillons de fanté, que l'on
prend pour rafraîchir le fang, ont
ordinairement pour bafe, le veau ou
les jeunes poulets, avec une foule
d'herbes & autres ingrédiens dont un

Médecin éclairé doit diriger le choix suivant les circonstances. Voici la composition de ceux qui sont le plus en usage, & dont l'expérience a confirmé la bonté :

I.

Ecorchez un jeune poulet, videz-le, remplissez-lui le ventre avec une poignée d'orge, & une demi-once de semences froides, majeures, faites-le cuire dans deux pintes d'eau, durant trois heures, & l'écumez soigneusement; ajoutez-y ensuite une demi-poignée de feuilles de laitue, autant de bourache, & laissez bouillir encore une demi-heure, & le passez au travers d'un linge, pour en prendre plusieurs verres à jeun, le matin, deux heures avant de manger.

I I.

Prenez une livre de chair de veau,

autant d'agneau, une demi-once de
femences froides, dont on fera un
nouet, avec feuilles de laitue, de
bourache, & quelques graines de
pavot.

Il eſt excellent pour tempérer le
fang, & difpoſer au fommeil.

I I I.

Vuidez un jeune poulet, & le rem-
pliſſez avec une poignez de riz, deux
pincées de graine de pavot, & quelques femences froides ; faites le bouillir deux heures dans trois pintes
d'eau ; écumez bien, ajoutez-y trois
ou quatre écreviſſes, juſqu'à que leurs
écailles aient parfaitement, rougi ; &
lorſque le tout aura bouilli une heure,
ajoutez-y une poignée de feuilles de
bourache, & coulez le tout avec expreſſion au travers d'une groſſe ferviette.

Ce bouillon eſt très-propre à ceux

qui ont le fang âcre, picotant, fuj
à caufer des éruptions fur tout l
corps. On peut en boire avant & apr
les repas.

I V.

Bouillons de Tortue.

Prenez une bonne tortue, encol
jeune, à coups de hache ouvrez-e
les deux écailles, féparez-en la tête
la queue & les pieds, que vous je
terez comme inutiles; ramaffez alor
toute la chair intérieure, coupez-l
par petits morceaux, & les fair
bouillir pendant quatre heures dar
une pinte d'eau réduite à chopine
avant de les retirer, ajoutez-y un
poignée de feuilles de chicorée fau
vage, & paffez le tout avec forte ei
preffion.

Il eft généralement regardé par le
plus grands Médecins, comme trè
propre à modérer l'irritation & l

trop grande chaleur des entrailles , &
à appaiſer la fougue des humeurs : il
eſt auſſi très-convenable à ceux qui
ſont dans le maraſme ou l'état d'une
conſomption prochaine ; il a d'ailleurs
l'avantage qu'il ſe marie parfaitement
avec l'uſage du lait , pour les perſonnes qui ont l'habitude d'en prendre.

LIVRE III.

Des Potages gras & du Bœuf
à L'Angloise.

CHAPITRE PREMIER.

Des Potages en général.

C'EST par l'heureux mélange du suc des viandes & des végétaux, qu'on parvient à faire d'excellens potages gras, qui réunissent l'agrément, la délicatesse & la salubrité.

Cette premiere partie de la cuisine moderne a été épuisée, variée & compliquée à tel point, que dix volumes ne suffiroient pas à décrire toutes les espèces de potage connues.

Je me bornerai à donner ici la com-

position de ceux qu'une expérience
suivie m'a démontré les plus agréables au goût, les plus fains & les
moins difpendieux, en retranchant
de leur préparation cette foule d'objets inutiles, qui annoncent plutôt
l'infuffifance de l'artifte, que la perfection de fon art.

On obfervera toujours de choifir
les viandes jeunes, faines, à demi
mortifiée, & n'ayant que peu de fumet ; car, quoiqu'en puiffent dire les
gourmands, il fera toujours conftant
qu'une viande qui a un fumet décidé,
a déjà éprouvé & développé des germes d'une putréfaction commencée ;
& l'ufage continué des viandes à fumet, offre une fource intariffable de
maladies compliquées, que tous les
miracles de la médecine n'ont jamais
pu guérir.

De bonnes pieces de bœuf forment
généralement la bafe des potages gras

pour les perfonnes en fanté ; quan
ceux de veau , d'agneau , de mouto
de poulet , &c. leur fubftance
gere les rend plus propres aux co
valefcens & aux infirmes.

Les principaux légumes qui entre
dans les potages , font les panai
carotes, céleri , oignons , ofeille ,
vets , pois , lentilles , & général
ment tous les végétaux cultivés da
les planches du jardinage : on d
les choifir cueillis de frais , dans le
pleine force , & les faire ordinai
ment blanchir un moment dans l'e
bouillante , avant d'en faire ufage.

Je finirai ces obfervations par e
gager les amateurs & les Artiftes à
pas fe livrer au goût antique de d
naturer leurs potages à force d'arom
tes ou d'épiceries , fous prétexte
leur donner du haut goût. Cette m
thode peut être utile dans le Levan
où des eftomacs trop débilités par l

boissons abondantes usitées dans ces
climats brûlans , ont besoin d'être
ranimés sans cesse par des matieres
vives & desséchantes ; mais cette pratique est inutile & très-dangereuse
chez des peuples qui jouissent d'une
douce température.

CHAPITRE II.

Des Potages Bourgeois.

Faites cuire avec soin trois ou quatre livres de bon bœuf dans deux
pintes d'eau , suivant les principes du
chapitre premier du livre second ;
ajoutez-y carotes , panais , navets ,
laitue , oseille , chicorée , céleri , poirée , & tels autres légumes qu'on peut
desirer ; si l'on veut y joindre les abattis d'une volaille , il en sera meilleur : laissez réduire ce bouillon à

moitié; versez le bouillant fur des croûtes rôties ou du pain ordinaire; laissez-le se gonfler fur un petit feu, & lorsqu'il aura pris tout son volume, achevez d'y verser vôtre bouillon, & de le garnir avec des légumes de deux ou trois espèces seulement, afin d'éviter une confusion désagréable.

Ce potage est un des plus simples & des plus sains que je connoisse; il seroit avantageux à la santé humaine, qu'on en fît plus généralement usage chez tous les particuliers, même les plus opulens.

CHAPITRE III.

Des Potages aux Lentilles & autres Légumes farineux.

AYANT fait choix de petites lentilles saines, & bien nétoyées, faites les attendrir dans de l'eau chaude durant une demi-heure ; fortez-les pour les mettre dans une marmite avec de bon bouillon, en y ajoutant feulement du fel, deux clous de gérofle & un peu de fariette : laiffez cuire le tout à petit feu trois heures entieres.

Préparez alors vos croûtes ou pain de maifon, dans une foupiere ; arrofez-les à demi, en y verfant le plus clair du potage au travers d'un tamis ; lorfqu'il fera bien gonflé fur un feu doux, achevez de le tremper avec du même bouillon tiré au clair, & vous garnirez le deffus de votre potage, en faifant paffer au travers d'un tamis ou d'une paffoire, de la purée de vos lentilles.

Ce genre de potage eft très-nourif-fant, & fe fert fur les meilleures tables.

C'eft en fuivant exactement les mêmes procédés, qu'on parvient à varier les potages farineux , en les composant avec des pois , aricots , feves & autres graines quelconques , dont j'évite de parler ici , parce que leur préparation n'est pas différente de celle aux lentilles.

CHAPITRE IV.

Potage au Riz.

Choisissez du riz du Levant, dont les grains font gros , d'un blanc de perle un peu transparent, & dépouillés de matieres étrangeres ; lavez-le dans plusieurs eaux chaudes , en le frotant bien entre les deux mains : lorsque la premiere eau restera limpide , mettez-le de suite dans une marmite , & versez-y dessus d'excellent bouillon ; laissez-le dans cet état se gonfler une demi-heure sans bouillir , en ne plaçant

çant

çant que des cendres chaudes fous la marmite : lorfqu'il aura bu ce premier bouillon, achevez de le couvrir de bouillon, & placez votre marmite fur le potager ; faites-le bouillir très-lentement fur un feu doux, environ deux heures, le vafe couvert.

Si le bouillon que vous aurez employé, eft bon & bien fait, il communiquera au riz une couleur brune ou dorée, qui lui donnera un coup-d'œil agréable, & un goût délicieux.

Mais lorfque le bouillon n'eft pas bien fait, qu'il eft trop blanchâtre, & n'a pas affez de fubftance, on peut réparer facilement tous ces inconvéniens, en faifant promptement rôtir, à la maniere angloife, deux ou trois tranches de bœuf fur le gril, jufqu'à ce qu'elles foient d'un roux brun ; on les poudre avec un peu de poivre & de fel, & on les jette encore brûlantes dans le riz au gras : ces tranches de

bœuf communique au riz une couleur superbe, un suc restaurant & un
goût délicieux à très-peu de frais.

Ce moyen facile, est sans contredit
préférable aux roux & coulis, trop
dispendieux, dont les cuisiniers font
usage dans les grandes maisons, qui,
sans avoir plus de délicatesse, sont
certainement très-mal sains & très-in-
digestes.

CHAPITRE V.

Potage au Riz Provençal.

FAITES rôtir un morceau de veau
de trois ou quatre livres, de sorte
qu'il soit bien rissolé de tous les côtés, sans être brûlé; lavez de beau
riz dans plusieurs eaux chaudes, & le
mettez dans une marmite avec de
l'eau bouillante, qui le surnage un

peu ; placez-là fur un feu modéré,
pour entretenir le bouillonnement ;
lorfque le riz fera bien gonflé, coupez
votre morceau de veau en cinq ou fix
tranches épaiffes, & laiffez bouillir le
tout deux bonnes heures, avec fel,
poivre, un peu de mufcade & un petit
morceau de porc frais.

Sortez alors vos tranches de veau
de la marmite, qui pourront fe fervir en les ranimant d'une fauce piquante, & verfez votre potage au riz
dans une foupiere : il aura certainement une couleur agréable & un goût
excellent.

La plupart des Cuifiniers Provençaux, qui connoiffent la cuifine italienne, faupoudrent ces fortes de potages avec du fromage de Parme ou
de Gènes, ou tout uniment en y râ-
pant deffus de bon fromage blanc,
bien fec & bien dur : mais quoique
plufieurs gourmets en faffent un très-

grand cas , j'avoue que j'ai trouvé ce
goût de fromage bien au deſſous des
brillans éloges qu'on lui prodigue.

CHAPITRE VI.

Potage de Santé.

Faites ſuer & riſſoler à petit feu,
dans une caſſerole , pluſieurs tranches
de bœuf , avec une vieille perdrix &
une bonne poule ; lorſque le tout aura
pris une belle couleur , aroſez - les
avec quelques cuillerées de bouillon,
& faites bouillir le tout bien couvert
pendant deux heures.

Faites cuire en même tems des légumes dans du bouillon , tels que
carotes , navets , oignons , céleri,
choux , &c. achevez de remplir de
bouillon votre caſſerole ; & lorſqu'il
ſera bien chargé des ſu c du bœuf &

des volailles, vous en arroſerez des
croûtes, les tremperez, & les ferez
un peu mitonner ſur un feu doux.
Achevez alors de les couvrir de ce
potage, garniſſez-en le deſſus avec
les légumes qu'on preſſera, & ſervez
le tout chaudement.

C'eſt un vrai potage de ſanté, très-
nourriſſant, très-ſain, & propre à
fortifier le tempérament, parce qu'il
réunit une grande abondance de ſucs
nutritifs & légers.

On peut, en ſuivant cette méthode, les varier à l'infini, avec toutes
ſortes de viandes, de volailles, de
gibier, de légumes & de fruits de
toutes eſpeces: un peu d'uſage rend
très-habile en peu de tems, ſur-tout
lorſqu'on a un goût délicat, & un
peu d'intelligence.

Mais un Artiſte éclairé, doit étu-
dier ſoigneuſement le goût des per-

sonnes pour lesquelles il travaille, afin de faire constamment usage des viandes & autres alimens qui conviennent le mieux à leur goût, à leur tempérament & à leur santé ; sans cette observation, il ne sera jamais qu'un routinier, incapable de rien inventer de nouveau.

CHAPITRE VII.

Potage au Salmy.

PRENEZ diverses especes de viandes, telles que veau, mouton, agneau, ailerons de volaille ou morceaux de gibier ; faites bien cuire le tout à petit feu, mouillez-le d'excellent bouillon, & trempez-en des croûtes dorées & bien rôties, sur lesquelles vous placerez pour garniture, tels légumes que vous jugerez à propos, excepté la purée de pois, qui affoiblit la délicateſſe de ce potage.

Quoiqu'au premier coup-d'œil, ces ſortes de potages puiſſent paroître diſpendieux, lorſqu'un cuiſinier intelligent ſait mettre à profit les viandes deſſervies de la table, qui n'ont été touchées de perſonne, il peut en faire d'excellens potages au ſalmy, qui, loin d'être coûteux, épargnent ſouvent la dépenſe d'un gros pot-au-feu.

On peut, au reſte, les varier à l'infini, & multiplier ſes jouiſſances, ſans nuire à ſa ſanté, pourvu que toutes les viandes en ſoient ſaines.

CHAPITRE VIII.

Potage aux Herbes.

FAITES fondre dans une casserole une cuillerée de graisse blanche , sur un feu doux ; & ayant préparé , lavé & essuyé les herbes suivantes , telles que laitue , pourpier , oseille , poirée & autres herbes de la saison ; faites-les revenir dans la casserole un bon quart-d'heure.

Placez-les ensuite dans une petite marmite , en les arrosant de tems en tems avec d'excellent bouillon : si vous desirez un potage plus nourrissant , vous découperez une livre de veau par petits morceaux dans votre marmite aux herbes , & laisserez mitonner le tout deux ou trois heures à petit feu.

Les herbes étant cuittes, & bien nourries de bon bouillon, dreffez vos croûtes, & les trempez, mitonnées & inondées de ce potage, en réfervant le plus gros des fines herbes, pour en garnir la fuperficie.

C'eft un potage très-falutaire au printems, ou ces herbes font dans leur pleine vigueur. Il eft propre à fortifier, à tempérer le fang, & à lui rendre cette fraîcheur fluide qui le difpofe à circuler avec aifance : il réunit d'ailleurs encore une faveur délicate, & un fuc très-reftaurant.

Il eft fufceptible d'être varié à l'infini, avec céleri, laitue, oignons, poireaux, panais, carotes, concombres, légumes & racines de toute efpece; c'eft ce potage que l'on appelle communément *Julienne* à Paris, & dans la plupart des grandes villes du Royaume.

CHAPITRE IX.

Potage aux Ecrevisses.

Prenez une vingtaine d'écrevisses bien saines, & qui aient habité des eaux limpides & courantes, & laissez-les jeûner vingt-quatre heures dans un pot, pour se dégorger de toutes leurs matieres impures.

Découpez ensuite par petits morceaux deux livres de tranche de veau dans une petite marmite, avec une pinte & demie d'eau, & faites bouillir le tout doucement environ trois heures; sortez alors vos écrevisses; écrasez-les toutes vivantes dans un mortier, & les jettez dans le bouillon, pour qu'il en reçoive tous les sucs : une demi-heure de bouillonnement suffit.

Vous pourrez en dreſſer tels potages qu'il vous plaira. Si vous le deſirez plus reſtaurant, il faudra y ajouter quelques tranches de bœuf rôties ſur le gril, ce qui lui donnera plus de ſubſtance, & une couleur plus vigoureuſe & plus agréable.

C'eſt un potage excellent pour les tempéramens ardents & échauffés, & pour les perſonnes ſujettes aux maladies inflammatoires. On ſent par conſéquent qu'il ſeroit nuiſible aux conſtitutions froides ou flegmatiques, qui ont beſoin de faire continuellement uſage d'alimens un peu ſtimulans, pour abſorber les flegmes dont ils abondent, & ranimer la langueur de leur eſtomac.

CHAPITRE X.

Potage aux Navets.

FAITES légerement riſſoler vos
navets dans un peu de graiſſe blanche ; lorſqu'ils auront pris une belle
couleur dorée & brune en quelques
endroits , arroſez - les avec de bon
bouillon , & les faites cuire tout doucement dans une caſſerole , couverts
avec quelques petits morceaux de
bœuf ou de veau grillés un moment.
Trois ou quatre heures de cuiſſon vous donneront un bon potage
brun , bien parfumé , & d'un goût
reſtaurant , dont vous pourrez tremper & mitonner vos croûtes ; & lorſque vous les aurez dreſſées dans une
ſoupiere , vous en garnirez le deſſus
avec vos navets.

Cette forte de potage est encore plus fucculente, lorfqu'on les a nourris avec des abattis de volaille, chapons, pigeons, canards, ou un morceau de gibier : mais il faut éviter de les altérer ni épaiffir avec des jus, coulis, blond de veau, jaune d'œufs, & encore moins de les colorer avec du fucre réduit en caramel dans du bouillon : toutes ces drogues font de véritables colles fur l'eftomac, qui ne fe digerent qu'imparfaitement, & alterent évidemment la fanté.

CHAPITRE XI.

Potage Palatin, ou Kneffes.

Prenez deux bons poulets, avec une vieille perdrix ; féparez la chair des os, jettez-en tous les nerfs, les fibres & les cartilages, & faites-en

piler les chairs dans un mortier ; exa-
minez enfuite s'il n'eft pas refté quelques fibres ou nerfs que le pilon n'ait
pas écrafés ; jettez-les, & remettez
votre farce dans le mortier , avec un
quarteron de beure frais & une bonne
mie de pain trempée dans du bouillon ; repilez le tout enfemble , en
l'affaifonnant avec fel , poivre , deux
grains de mufcade , deux jaunes
d'œufs , & quatre blancs d'œufs ,
fouettés jufqu'à ce qu'ils foient entierement montés en écume.

Le tout étant parfaitement pilé &
lié enfemble , formez-en des boulettes groffes comme de petites noix
ou des amandes.

Dreffez enfuite quelques croûtes
dans une foupiere coupées par petits
morceaux , faites les tremper dans le
bouillon des kneffes , & lorfqu'elles
feront bien gonflées & mitonnées légérement , vous dreffered au-deffus

vos boulettes ou kneffes en achevant de verfer tout le potage au tour.

Cette maniere de potage Palatin m'a toujours paru la meilleure & la plus fucculente ; mais voici la méthode que plufieurs bons Cuifiniers emploient de préférence.

Ayant formé leurs kneffes de la groffeur d'un œuf de pigeon, il les font cuire un quart d'heure dans du bon bouillon avec de fines herbes bien hachées : ils délayent enfuite deux cuillerées de farine avec du bon bouillon, dont ils font un efpece de coulis affez blanc ; placez vos boulettes fur quelques petites croûtes de pain, & arrofez-les avec le coulis clair qui doit fervir de potage.

CHAPITRE XII.

Potage aux Chapons, Poulardes &
Volailles.

IL faut tout uniment faire blanchir
& bouillir vos volailles avec un peu
de bœuf dans une médiocre quantité
d'eau , avec fel , poivre & un feul
oignon piqué de deux clous de gérofle; lorfque le bouillon en fera fait,
on le colorera avec une tranche de
veau grillée, & on dreffera fon potage , foit avec des croûtes ou avec
du riz.

Cette maniere très-fimple eft faine
& reftaurante, mais elle ne fatisfait
pas autant la délicateffe & la fenfualité que la méthode fuivante.

Sacrifiez la chair d'une bonne volaille en la féparant de fes os &

la hachant bien menu avec de la graiſſe de veau, un peu de petit lard, ſel, poivre, baſilic & perſil ; lorſque le tout aura été bien pilé, mélangez-y une mie de pain mitonnée dans de la crême douce & quatre jaunes d'œufs ; oüvrez enſuite l'eſtomac de vos volailles, & les farciſſez intérieurement dans tous les vuides ſans trop les bourrer, parce que la farce gonfle beaucoup en cuiſant ; faites les coudre par-tout où vous les avez ouvertes, & les faites blanchir & cuire dans du bon bouillon, juſqu'à ce qu'elles ſoient ſeulement tendres, en obſervant que les cuiſſes ne ſe ſéparent pas du corps de vos volailles.

Lorſque votre potage ſera bien fait & aſſaiſonné modérément, vous le dreſſerez de la maniere qui ſera la plus agréable, ſoit aux croûtes, au

riz, à la femouille, aux pâtés d'Italie
ou de Genes, &c. &c. &c.

Une ou deux poulardes qu'on peut
fervir en ragoût, un bon chapon
qu'on fert au gros fel, & deux poulets qu'on peut offrir à la fauce robert
ou, &c. fuffifent pour faire cet excellent potage, combiné de maniere
qu'il n'y a rien de perdu; il doit
être d'un blond fuperbe, & avoir un
goût fucculent; s'il eft trop gras; on
le dégraiffera avant de le fervir; il
réunit tout ce qui peut flatter le goût
& fortifier la fanté.

CHAPITRE XIII.

Bifque ou Potage à la Provençale.

Dans la plupart des bonnes maifons de Provence, on fait de très-

bons potages en forçant une casserole avec deux tranches de jambon, quelques petits morceaux de bœuf, une cuisse d'oie & quelques abattis de volaille ou de gibier; après les avoir fait blanchir, on les fait suer à petit feu, puis on les mouille avec du bon bouillon, & on fait bouillonner le tout trois ou quatre heures, avec poivre, sel, basilic & un clou de gérofle.

On coupe alors des croûtes de pain bis dans une soupiere, on les trempe peu-à peu avec ce potage, & on fait mitonner le tout à petit feu, en l'arrosant toujours & observant que le fond de la soupiere ne se brûle pas; retirez le potage & le garnissez avec les abatis de volailles & la cuisse d'oie au milieu, en supprimant les petis morceaux de bœuf.

C'est un des meilleurs potages de santé que nous ait offert la Provence;

il peut s'exécuter par-tout, même dans la cuisine d'un particulier isolé, puisqu'il réunit à la salubrité l'agrément d'avoir, dans la même casserole, un bon potage, une cuisse d'oie des abatis de volailles & deux tranches de jambon; total, quatre plats différens, sans beaucoup de peine ni de dépense.

Si on a eu l'attention d'y ajouter une vingtaine de navets blanchis & rissolés auparavant, on possédera encore, dans la même casserole, un cinquieme plat qui ne sera certainement pas à dédaigner.

On doit éviter d'y ajouter d'autres légumes, parce qu'ils affoiblissent le potage & lui font perdre ce parfum & les sucs restaurans qui en font tout le prix : on aura soin aussi de ne pas l'épicer avec profusion, comme le font quelques cuisiniers; car il devient alors très-échauffant & par conséquent mal sain.

_____

CHAPITRE XIV.

Potage aux Perdrix, &c.

Dans le fond d'une casserole, coupez par tranches deux ou trois oignons blancs, couvrez-les d'une bonne tranche de rouelle de veau, un peu de jambon & un bouquet de fines herbes; lorsque le tout commencera à suer & à s'attacher légérement, placez-y une ou deux perdrix un peu mortifées, pour la faire bien revenir & prendre couleur ; mouillez-les ensuite avec du bon bouillon de bœuf qui soit presque fait, & laissez mitonner à petit feu durant deux ou trois heures.

Le Potage fini d'un bon corps ;

vous le paſſerez au tamis de ſoie,
pour l'employer & le ſervir avec tels
légumes ou garniture que vous jugerez à propos, en obſervant de ne
le ſaler & poivrer qu'avec modération.

C'eſt un potage fortifiant & chaud
qui doit être réſervé pour des convaleſcens ou des vieillards qui ont
beſoin de ranimer leurs forces; j'en
ai ſupprimé les eſſences & épiceries
qu'on y prodigue ordinairement ſans
raiſon, convaincu par l'expérience que
le procédé que j'annonce ici eſt infiniment plus ſalutaire, plus agréable
& moins diſpendieux.

On peut également, en ſuivant la
même méthode, faire d'excellens potages avec du lapin, des levreaux,
des faiſans, cailles, pluviers & autre
menu gibier, ſuivant le goût des perſonnes qui réuniſſent également la
délicateſſe & la ſalubrité.

CHAPITRE XV.

Potage aux petits Pois.

Sur une couche de petits oignons coupés par tranches, faites suer, sur un morceau de veau que vous environnerez de petites herbes mouillés avec du bon bouillon, & le laisser bouillonner à petit feu, prendre du corps & une belle couleur.

Dans une seconde casserole, faites fondre du petit lard avec du persil; jettez-y vos petits pois verds, & les y faites revenir à petit feu, jusqu'à ce qu'ils soient tendres & mollets sous le doigt; pilez-les ensuite dans un mortier, & jettez-en la pâte dans votre potage, y cuire avec le veau & en prendre le goût.

Lorsque le potage aux pois aura

pris affez de confiftance, fortez-en le veau qu'on pourra fervir en le déguifant fous une fauce différente, & paffez votre potage au tamis, de forte qu'il foit comme une bonne crême ni trop claire, ni trop épaiffe.

On peut également, avec des petits aricots verds ou des petites féves vertes, tirer, de la même maniere, des potages de purée qui font agréables & nourriffans; il y a cependant beaucoup de perfonnes qui ne peuvent en faire ufage fans être incommodés de vents; &, dans ce cas, elles feront bien de n'en pas manger, parce qu'il eft évident qu'ils troublent la digeftion de tous les autres alimens.

CHAPITRE

CHAPITRE XVI.

Potages de Fantaisie.

Coupez par tranches quelques petits oignons dans une casserole, avec deux ou trois carotes, un petit morceau de jambon & un bon morceau de veau ; faites suer le tout à petit feu, & lorsque le veau commencera à être d'un brun roux & doré ; mouillez-le avec du bon bouillon bien chaud, laissez mitonner le tout jusqu'à ce que le veau soit bien cuit & ait donné un bon suc au potage.

Faites ensuite tremper & gonfler les croûtes de deux petits pains dans ce potage, pilez alors les blancs d'une volaille dans un mortier, deux jaunes d'œufs durs & cinq ou six amandes douces ; le tout étant pilé très-fin, délayez-les dans votre potage ; de sorte qu'il ait autant de corps & de confistance qu'une purée un peu claire; fi elle eft trop épaiffe, paffez-la à l'étamine : verfez cette purée de volaille bien chaude fur vos croûtes trempées, & cela leur fervira de garniture.

Au lieu d'un morceau de veau, il il y a de bons Cuifiniers qui y emploient une volaille, mais le potage en eft plus fade & moins délicat qu'avec le veau riffolé ; il a d'ailleurs moins de couleur, on obfervera de n'être pas prodigue d'affaifonnement.

Toutes ces fortes de potages, lorfqu'ils font bien faits, font très-falutaires & fortifians ; j'ai retranché de celui-ci les culs d'artichauts, ris de veau, rognons de coqs, & fur-tout le coulis ou blond de veau, qui font, du tout, une complication d'objets

inutiles, difpendieux, malfains, qui
s'empâtent fur l'eftomac & fe digerent difficilement.

Les roûx & coulis font la charlatanerie & les poifons de la cuifine
moderne, ils ne fervent qu'à donner
un air de fubftance à des potages ou
des mêts qui n'ont point de fucs :
le peu qu'ils pouvoient en avoir étant
abforbé par une colle indigefte, qui
brûle les entrailles fans les nourrir.
Il eft d'ailleurs fi facile de retirer
le jus des viandes par une douce
ébullition, pour les mêler aux alimens
& en nourrir tous nos légumes, potages, ragoûts, &c. &c. &c. qu'on
ne peut voir fans douleur l'art deftiné à notre fubfiftance, s'épuifer à
dénaturer & à corrompre nos meilleurs productions alimentaires, au
point de les transformer en véritables
poifons; principes évidens de cette

K ij

foule de maladies compliquées, dont les riches sont si souvent victimes.

———————————————

CHAPITRE XVII.

Potage à l'Infante.

CE potage très-nourrissant & qui seul pourroit suffire au dîné de plusieurs françois, nous a été transmis par les Cuisiniers de l'Infante d'Espagne, dont il a conservé les noms; voici la maniere dont on le fait.

Faites une farce fine avec des blancs de volaille cuite, de la graisse ou des rognons de veau & un peu de petit lard; le tout étant bien pilé ensemble, liez-là avec quatre jaunes d'œufs épicés modérément, & en remplissez sept à huit petits-pains-au-lait, dont vous aurez enlevé toute la mie par un trou fait au-deſſus de la grandeur d'un écu de ſix francs ; trempez-les d'abord avec du bon bouillon, & n'en remettez pas de nouveau que le premier ne ſoit bu ; en ne les mitonnant que peu-à-peu, ils ſe gonfleront davantage & prendront un coup-d'œil ſuperbe ; humectez-les toujours juſqu'à ce qu'ils ceſſent de boire.

Si le potage eſt un peu blanc, ce qui eſt aſſez ordinaire, donnez-lui plus de couleur & de goût, en faiſant bouillir, à côté des petits pains, trois ou quatre petites tranches de bœuf ou de veau rôties ſur le gril, & il ſera alors inutile de le charger de jus ni coulis, pour lui donner de la conſiſtance.

Pour garnir ce potage avant de le ſervir dans les ſoupieres, on les eſcorte avec des abattis de volailles, tels que ailerons, crêtes de coqs,

rognons de chapons, ris de veau;
culs d'artichauts &c. &c., ayant attention de servir le tout chaudement.

Cette maniere du potage à l'infante est saine, restaurante & très-
nourrissante ; mais je crois qu'on doit
en manger avec sobriété, sans quoi
l'estomac se refuseroit à la digestion
des autres alimens.

Je n'ignore pas que la plupart des
Cuisiniers françois sont dans l'usage
de masquer ce potage avec des quin-
tessences, des coulis vierge & des
garnitures de toute espece; mais je
suis convaincu que plus on le charge
d'objets étrangers, moins il est sain....
On peut véritablement le varier au
goût des particuliers par une combi-
naison sage & peu multipliée, celle
que j'ai détaillée ici m'a toujours paru
aussi délicate que succulente.

CHAPITRE XVIII.

Potage d'issus d'Agneau.

PRENEZ deux ou trois têtes d'a-
gneaux, laissez-les tremper dans l'eau
une heure, afin de dégorger tout leur
sang ; les ayant dépouillées, désossées
& blanchies à l'eau bouillante avec
les pieds ; faites-les revenir un moment à l'eau fraîche, & puis mettez-
les dans une petite marmite, au fond
de laquelle vous placerez oignons,
carotes, bardes de lard & paquet de
fines herbes, avec deux cloux de gérofle ; mouillez le tout avec du bon
bouillon, & les faites cuire à petit
feu.

Ensuite, pour ranimer la fadeur
du potage d'agneau, & lui donner
une couleur moins pâle, faites blan-

K iv

chir un morceau de tranche de veau
que vous hacherez & pilerez bien
avec cinq ou fix amandes douces &
trois ou quatre jaunes d'œufs durcis;
humectez le tout avec de la crême
douce, & le détrempez enfuite avec
votre bouillon d'agneau : mitonnez
votre potage avec du bouillon ordinaire; & s'il eft trop épais, paffez-
le au tamis avant de le fervir, il
doit être comme une purée blanche.

On peut, avec les pieds & autres
iffus de l'agneau, garnir les bords
de ce potage ; mais alors, il faut les
couvrir avec le même potage, afin de
les mafquer.

Il y a des Cuifiniers qui font ce
potage d'agneau au verd de pré, rien
de plus facile ; il n'y a qu'à faire
bouillir des petits poids verds dans
du bouillon, les écrafer & les paffer
en purée qu'on mêlera avec le potage d'iffus d'agneau, en retranchant

toutes les parties charnues, tels que
la tête, le col & les pieds qui peuvent se consommer dans la cuisine.

Ce potage est à-la-fois nourrissant
& rafraîchissant, & pourvu qu'il ne
soit pas trop épais, il se digere
facilement & ne peut que faire un
bon chyle; j'en ai retranché tous les
objets inutiles, qui ne sont propres
qu'à le dénaturer & à altérer sa délicatesse.

CHAPITRE XIX.

Potage du Commissaire.

Prenez tels poissons qu'il vous
plaira, comme perches, soles, mac-
quereaux, saumons, truites, éperlans,
esturgeons, carpes, tanches, &c. &c.
Faites-les cuire dans du bon bouillon
gras, avec telle garniture qu'on ai-

mera le mieux ; ajoutez-y une tranche de bœuf rôtie fur le gril, mitonnez avec du bon bouillon, & trempez-en vos croûtes à petit feu, pour en former vôtre potage.

Si on le defire plus fucculent, on pilera un morceau de veau blanchi avec des filets de poiffon, on liera cette farce avec deux ou trois jaunes d'œufs, & on en fera des boulettes, dont on garnira le potage à la manieres des kneffes allemandes ; faites enforte que le bouillon furnage un peu, & fervez chaudement.

C'eft un bon potage mixte qui peut convenir à tous les tempéramens.

CHAPITRE XX.

Soupe au Fromage à la Provençale.

Faites blanchir des choux & jettez-
en la premiere eau : faites-les cuire
en eau bouillante, dans laquelle vous
ajouterez un morceau de beurre, un
peu de fel & de poivre, & une cuillerée à bouche de bonne huile d'olive :
lorfque vos choux feront prefque
cuits, écoulez-en l'eau, & les nour-
riffez avec du bon bouillon gras paffé
au tamis.

Coupez enfuite votre pain dans la
foupiere; le pain de ménage eft le
meilleur; vous placerez une couche
de pain & une couche fromage de
gruyere coupé par petites tranches
fines, & ainfi alternativement un lit
de fromage jufqu'aux deux tiers de

K vj

la foupiere ; arrofez-en le deffus avec
de l'huile d'olive environ deux cuillerées à bouche ; trempez - là enfuite
avec votre bouillon de choux jufqu'à
ce qu'il furnage le pain ; placez votre
foupiere fur un feu de charbon affez
doux, & la laiffez mitonner à petit
feu, jufqu'à ce que le fromage foit
bien fondu & mélangé avec le potage ; & lorfqu'il commencera à fe
prendre, garniffez-en le deffus avec
les choux & un peu de poivre, &
fervez-le bien chaud.

Tous les potages au fromage fe
font exactement de la même maniere, foit avec pois, navets, lentilles, choux, brocolis, & généralement tous les légumes quelconques ;
c'eft une foupe excellente pour ceux
qui font partifans du fromage ; c'eft
un des potages les plus recherchés
des amateurs Provençaux & Lan-
guedociens.

Il est cependant certain qu'il faut avoir un robuste estomac pour les digérer parfaitement, & qu'ils ne peuvent être favorables qu'à de gros mangeurs qui jouissent d'une santé vigoureuse, il est donc très-prudent de n'en manger qu'avec modération.

CHAPITRE XXI.

Potage au Vermicelle.

LE Vermicelle est une pâte originaire de Gênes, qu'on fabrique aujourd'hui presqu'aussi bien en France qu'en Italie ; c'est un excellent aliment composé de fleur de farine, de riz, & des jaunes d'œufs, safran, &c.

Afin de le conserver entier en cuisant, il faut en prendre une demi livre, la jetter un instant dans de l'eau

bouillante, & aussi-tôt écouler l'eau
bouillante, pour y verser dessus de
l'eau bien fraîche, cela le rafermit
parfaitement ; faites-le cuire ensuite,
soit à l'eau avec beurre & sel, soit
au lait avec sucre & amandes, soit
au bouillon gras de bœuf ou de volaille ; une heure de cuisson lui suffit,
il doit être d'un beau blond doré.

Les Italiens & Provençaux sont
dans l'usage de raper au-dessus du
fromage de Parme ou du Gruyere bien
sec, qu'ils laissent mitonner un quart
d'heure.

De quelle maniere qu'on le mange,
c'est un potage très-sain, & qu'on
donne souvent avec le plus grand
succès aux malades & aux convalescens, pourvu qu'on en supprime le
fromage qui ne peut convenir qu'en
parfaite santé.

CHAPITRE XXII.

Potage aux légumes.

ON fait de très-bons potages avec toutes fortes de légumes, tels que choux, raves, radix, chicorée, ofeille, céleri, navets &c. &c. &c., en les faifant blanchir & les mitonnant enfuite avec du bon bouillon ou quelques petites tranches de veau ou bœuf grillées.

On en fait également avec des bouts d'afperges & culs d'artichaux, qui font très-délicats & très-fains.

Tous ces potages font falutaires, pourvu qu'on n'y mette point de roux ni coulis, & que les épiceries y foient ménagées avec prudence.

CHAPITRE XXIII.

Potage aux Cailles.

PRENEZ de jeunes cailles, vuidez-les & les troussez suivant l'usage ; faites-les cuire & mitonner à petit feu dans du bon bouillon, avec une tranche de veau rôtie & deux ou trois écrevisses écrasées ; ajoutez-y telle garniture que vous aimerez le mieux suivant la saison, & trempez vos croûtes avec ce potage qu'il faudra saler & poivrer modérément.

On peut également faire de très-bons potages avec toute sorte de menu gibier qu'on peut masquer & mélanger de toutes manieres ; ils ont l'agrément d'être bien moins dispendieux que les grands potages, & d'être aussi délicats & aussi salutaires.

On fait en Italie un grand cas du potage aux ortolans accommodés de la même maniere ; mais excepté le tems où ils font bien gras, il s'en faut bien qu'ils juftifient la réputation qu'on leur accorde trop légérement.

La plupart des bons Cuifiniers garniffent ordinairement ces potages avec des culs d'artichauts, des ris de veau, des crêtes & rognons de coqs, tout cela en augmente la bonté & la délicateffe ; mais alors, c'eft plutôt un ragoût qu'un potage.

CHAPITRE XXIV.

Potage aux Marons.

CHOISISSEZ foixante dix ou quatre-vingt marons de Lyon ou de Dauphiné, épluchez-en la premier peau

ainſi que la ſeconde, après les avoir
fait rôtir à demi dans des cendres
brûlantes ; étant légérement rôtis &
bien dépouillés de toute écorce, mettez-les dans une petite marmite &
les faites cuire dans du bouillon de
bœuf ou de volaille bien nourri.

Lorſqu'ils ſeront bien cuits, vous
pilerez ceux qui ſeront écraſés pour
en faire une bonne purée que vous
paſſerez au tamis en l'arroſant avec
le même bouillon, & vous garderez
ceux qui ſeront entiers, pour en faire
un cercle autour du potage, en façon
de garniture.

C'eſt un potage agréable & nourriſſant : mais il eſt trop lourd, & d'une
digeſtion laborieuſe : c'eſt pourquoi il
n'y a que les perſonnes robuſtes, qui
ont l'eſtomac vigoureux, qui puiſſent
en faire uſage ſans en être incom-
modées.

CHAPITRE XXV.

Potages aux pâtes d'Italie.

Les Italiens nous envoient en France des pâtes de Gènes & de Florence, faites avec des farines du Levant qui sont d'une délicatesse & d'une blancheur surprenante : ils les fabriquent en façon de macaroni, de petites étoiles, de lentilles, de graines de melons, &c. &c.

Toutes les pâtes cuites au lait ou au bouillon de bœuf & de volaille, donnent des potages excellens, qui sont supérieurs au riz & à tous les autres potages farineux. On les prépare exactement comme le riz ou le vermicelle : on pourra consulter ces articles.

Leur légereté & leur finesse, doit

les faire rechercher des personnes délicates ou convalescentes, qui desirent fortifier leur santé par des sucs doux & abondans. Toutes ces pâtes, excepté celles où il entre du fromage de Parme, &c. sont également saines, & réunissent tout ce qui constitue nos meilleurs alimens.

CHAPITRE· XXVI.

Potages au Sagou.

LE sagou est un aliment farineux, sous la forme de grains blancs & petits, qui proviennent d'une espece de palmier des Indes. On en fait des potages au lait & au bouillon, qui sont très-estimés dans le cas de marasme, de consomption ou de fievre lente.

Du reste, comme c'est une production rare, très-chere, souvent frelatée, & dont les bons effets ne font pas encore bien reconnus., nous croyons plus prudent de faire ufage des potages de femoule ou de falep ; qui font infiniment fupérieurs.

CHAPITRE XXVII.

Potages de Semoule.

LA femoule eft une pâte en grains, qui fe recueillent en Italie. Choififfez-la bien nette , jaunâtre, & n'ayant aucune odeur.

Mettez en cuire un quarteron avec du lait , ou bien dans du bouillon de bœuf ou de volaille ; ajoutez y une tranche de veau grillée, pour lui donner du goût & de la couleur ; & laiffez bien mitonner le tout deux bonnes heures à petit feu , jufqu'à ce qu'elle ait bien gonflé , & foit auffi tendre que du beurre en l'écrasant entre les doigts.

Versez votre potage dans une soupiere, après en avoir retiré votre tranche de veau, & le servez modérément chaud.

Lorsqu'on la fait cuire dans du lait, on la lie ordinairement avec deux ou trois jaunes d'œufs, délayés avec de l'eau de fleur d'orange & du sucre rapé.

Ces deux manieres de semoule sont très-saines & restaurantes.

CHAPITRE XXVIII.

Potage au Salep.

LE salep est une production alimentaire, qu'on nous apporte des Indes Orientales, & principalement de la Perse, où l'on en fait un cas

étonnant , & le plus grand usage. Il
nous arrive en France sous la forme
de petits oignons , qu'ils ont fait sécher au feu ou au soleil , & qu'ils
nous envoient enfilés par petits chapelets , dont les grains sont comme
de petites noisettes : on doit les choisir blancs ou jaunes pâles , les plus
transparens possibles.

On les pile dans un mortier , &
on les réduit avec peine en poussiere ,
qu'il faut passer au tamis : mais on est
dédommagé du tems & de la patience
qu'il faut lui sacrifier , par la très-
petite quantité qu'il exige pour en
faire une grande soupiere : c'est au
point que deux cuillers à bouche
pleines de salep en poudre , suffiront largement à faire un excellent
potage pour six personnes. On voit
par conséquent , que malgré sa cherté
(six francs la livre), il ne revient
pas plus cher que des pâtes d'Italie ou

de Gènes. D'ailleurs, il possede assez
de qualités délicieuses & salutaires,
pour devoir le faire rechercher davantage de toutes personnes jalouses
de fortifier leur santé. Voici la maniere de le bien préparer.

- Si l'on en desire pour six personnes, pulvérisez en une once dans un
mortier de fonte, observant qu'il ne
se perde pas en sautant hors du mortier; tamisez-le à mesure; & lorsque
l'once entiere sera réduite en fine
poussiere, il faut d'abord l'humecter
avec une goutte d'eau froide, en le
remuant beaucoup avec une cuiller,
puis on le détrempe avec du bouillon
chaud, en n'en mettant que peu à
peu, & le remuant toujours soigneusement, sans quoi il se grumeleroit
au point de ne pouvoir plus se diffoudre : en suivant graduellement
cette méthode, on fera gonfler le salep au point de consumer trois cho-
pines

pines de bouillon , & lui donner la
confiftance d'une crême ou d'une eau
gommée ; mettez alors votre potage
fur un feu très-doux , & le faites cuire
très-lentement pendant un heure : il
deviendra auffi épais qu'une crême de
ris ou d'orge.

En fuivant la même méthode de
le détremper à l'eau , avant de le
mouiller avec du liquide chaud , on
pourra le diffoudre avec autant de facilité dans du lait chaud , pour en
former des crêmes de falep , qui font
excellentes , & d'une délicateffe bien
fupérieure au fagou & à toutes les autres crêmes farineufes ; en y ajoutant
un peu d'écorce de citron , ou de l'eau
de fleur d'orange.

On peut également le détremper
dans de bon vin , dans de l'eau fimple, ou dans tout autre liquide quelconque , pourvu que ce foit peu à
peu en le remuant toujours : mais il

est moins agréable qu'au bouillon ou
au lait.

Il est bien étonnant que l'usage
n'en ait encore été consacré en France
qu'à fortifier des convalescens ou des
personnes épuisées, l'analise de cette
production alimentaire ayant évidemment démontré que sur huit portions
de salep dissous, il y en a sept qui
passent dans le sang, tant ses particules ont une intime analogie avec le
chyle.

La reconnoissance m'oblige à rendre au salep toute la justice qu'il mérite, quant à ses qualités bienfaisan-
tes. Attaqué depuis longtemps d'une
maigreur affreuse, occasionnée par
des excès d'études, peut-être aussi par
de tendres veilles, il fut décidé par
des Praticiens éclairés, que j'étois at-
teint d'éthisie à vingt-sept ans. Mr le
Roy, Professeur de Médecine à Montpellier, connu jadis par ses rares ta-

lens, après avoir épuisé tous les fortifians, me conseilla l'usage du salep.
Dans deux ou trois mois, il opéra un
changement si heureux dans ma constitution, que je repris à vue d'œil
une santé plus fraîche, des chairs plus
vives, & des forces nouvelles, dont
je n'avois pas vu d'exemples depuis
plusieurs années. Il est certain qu'en
Perse, on en use journellement par
sensualité, & comme un aliment des
plus salutaires : il réunit toutes les
qualités les plus précieuses à la santé,
& les plus agréables aux palais délicats ; il est a desirer que son utilité
soit connue & se répande davantage
dans toute l'Europe.

CHAPITRE XXX.

Du Bœuf à L'Anglaise.

L'EXCELLENCE du Bœuf bouilli, en Angleterre, provient encore plus de la maniere dont on l'apprête, que de la bonté des bestiaux. Voici comment on le gouverne dans beaucoup de grandes maisons.

Prenez un beau morceau de bœuf, environ vingt livres d'une seule piece; découpez en tout au tour les parties les moins figurantes, les os les plus saillans, & tout ce qui peut contribuer à donner une belle forme à la piece de bœuf principale, qui doit peser environ douze livres; prenez les sept à huit livres de viande écornées, brisez-en les os à coups de hache, & mettez le tout cuire trois ou quatre

heures dans une marmite ; sortez
alors les petits morceaux de viande,
hachez-les, & exprimez-en tous les
sucs à une forte presse ; mêlez tous les
sucs dans le bouillon , passez le au
tamis , & versez-le dans une marmite
capable de contenir la grosse piece
de douze livres de bœuf ; faites
cuire cette grosse piece dans le premier bouillon , chargé de sucs , de
sorte qu'il bouille lentement, & toujours bien fermée, en suivant le détail des principes énoncés au chapitre
premier du livre second.

Il est évident que le bœuf, bien
loin de perdre son suc dans une certaine quantité d'eau bouillante, re-
cevra au contraire l'abondance des
sucs des os & de la premiere viande
qui lui ont été sacrifiés, & qu'il aura
autant de parfum, de goût & de substance que du bœuf-à-la-mode. Les potages qu'on en retire , sont des res-

taurans très-succulens, bien propre
nourrir toutes les entrées d'une bon
cuisine.

. . Telle est la maniere dont la plup
des Cuisiniers Anglois préparent (
pieces de bœuf délicieuses, qui f(
l'ornement & les délices des me
leurs tables, & pour lesquelles
quitte assez souvent les mêts les p
recherchés. Il se mange égaleme
chaud & froid, & donne dans t(
les tems un aliment capable de for
fier le tempérament, & satisfaire à
sensualité.

LIVRE IV.

Des Sauces en Général, & de l'Art d'extraire des Animaux, les sucs les plus salutaires & les plus délicats.

CHAPITRE PREMIER.

Des Roux & Coulis.

L A pratique incendiaire des roux & coulis, forme depuis plus de cent ans toute la charlatanerie de la cuisine françoise : il a fallu que la frivolité du caractere national épuisât aussi son inconséquence & sa légereté sur nos préparations alimentaires, & qu'on préférât donner à nos mêts un coup-d'œil fucculent, plutôt que de leur conferver véritablement leurs fucs les plus réftaurans.

Cette vanité meurtriere a gagné malheureufement jufques fur les tables des plus fimples particuliers. J'ai vu la plupart des Cuifiniers de la Capitale, faire calciner des os au feu, jufqu'à ce qu'ils fuffent auffi noirs que du café rôti, & les jetter enfuite tout brûlans dans la marmite, pour donner une couleur brune au bouillon. J'ai vu des cuifiniers réduire du fucre en caramel, dans une cuiller de fer, auffi noir que du charbon, & le rendre enfuite liquide avec du potage, pour en colorer les hors-d'œuvres, entrées, &c.

La violente calcination que fouffrent tous ces ingrédiens & autres femblables, fait fur nos alimens l'effet de la chaux vive : elle les rend âcres, piccotans, corrofifs, & fous

une apparence fucculente, les tranf-
forme en véritables poifons lents ;
poifons qui deffechent les entrailles,
rongent le velouté de l'eftomac & des
inteftins, y forment des obftructions
incurables, détruifent à la longue toute
la machine, & bien loin de nourir
nos corps, les entrainent par degrés
dans une foule de maladies inflammatoires.

Les roux produifent exactement les
mêmes effets ; fucs calcinés à feu violent, du bœuf, veau, &c. on les tor-
réfie tellement, pour qu'ils puiffent
donner une couleur fucculente à tous
les potages ou entrées, qu'ils font
auffi corrofifs, & entrainent des fuites
également dangereufes.

Il eft cependant poffible, à peu de
frais, de retirer des mêmes viandes
une plus grande abondance de fucs,
& de leur conferver toutes leurs qualités reftaurantes & falutaires, pour

nourrir avec plus de délicateſſe & de ſalubrité les potages & les entrées. L'amateur le moins inſtruit, en ſentira toute la vérité, en jettant un coup-d'œil rapide ſur la méthode que les Cuiſiniers de la Provence & du Languedoc emploient journellement. La voici mot à mot.

CHAPITRE II.

Jus de Bœuf.

Mettez au fond d'une caſſerole profonde, un lit d'oignons, coupés par tranches, une pincée de ſel, & quelques carotes coupées par rouelles; aſſeoyez-y un morceau de bœuf d'environ deux ou trois livres, verſez-y une chopine de bon bouillon, couvrez la caſſerole, & laiſſez ſuer & cuire le bœuf dans ſon jus trois heu-

res, en bouillonnant tout doucement;
sortez alors le bœuf de la casserole,
& le coupez en morceaux, de la groffeur d'une noix ; remettez-les dans
la casserole achever de s'y cuire à petit
feu l'espace d'une heure , avec deux
ou trois petits oignons piqués d'un
clou de gérofle , en observant de tenir
toujours la casserole bien fermée.

Lorsqu'on verra que le bœuf aura
rendu beaucoup de jus au fond de la
casserole, & qu'il aura le coup-d'œil
& l'odeur aussi restaurans que du
bœuf-à-la-mode, on le dégraissera, on
passera le jus à l'étamine , & on mettra
les petits morceaux de bœuf dans une
petite presse de bois , pour exprimer
tout le suc qu'ils pourront encore renfermer dans leurs fibres ; on passera
ce suc au tamis , & on le mêlera avec
le jus qu'on aura recueilli de la casserole : par ce moyen bien simple , on
possédera un jus de bœuf excellent,

très-propre à donner beaucoup de corps, de substance & de délicatesse aux potages & aux entrées.

En le tenant au frais, il peut se conserver trois jours dans toute sa bonté : il est moins dispendieux que les roux ordinaires, & possede une grande abondance de sucs bien salutaires, & plus restaurans.

CHAPITRE III.

Jus de Veau.

AU fond d'une grande casserole, coupez par tranches quelques oignons blans, & deux trois carotes ou panais ; ajoutez-y une tranche de lard ; taillez par morceaux deux livres de maigre de veau, placez-les au-dessus des oignons ; versez sur le tout deux verres de bouillon, ou à défaut, au-

tant d'eau bouillante ; fermez-bien
votre casserole, & mettez-là sur un
feu doux, qui suffise à faire bouillonner doucement le veau & les légumes ; salez & épicez modérément,
laissez cuire à petit feu deux ou trois
heures ; & lorsque le veau sera bien
cuit, sortez-le, donnez-lui trente
coups de couperet pour le hacher
grossierement ; mettez-le à la presse
pour en exprimer tout le suc ; mêlez
ce suc avec le jus de la casserole, passez le tout au tamis, & vous aurez un
jus de veau excellent, propre à nourrir de fines entrées.

Ce jus de veau à l'avantage d'être
presqu'aussi nourrissant que le jus de
bœuf, & d'être moins échauffant :
C'est pourquoi les personnes qui ont
le genre nerveux très-sensible, ou
une cause d'inflammation quelconque, doivent le préférer à tout autre :
il peut se garder au frais deux jours

en été, & quatre ou cinq en hiver, sans rien perdre de sa bonté.

On peut, suivant le même procédé, tirer les jus du mouton, de l'agneau, du chevreuil, du daim & de toutes les viandes possibles : mais on n'en fait pas ordinairement usage, parce qu'elles rendent moins de sucs, & ce n'est qu'au défaut de bœuf ou de veau qu'on les emploie.

CHAPITRE IV.

Du Blond de veau.

L E *blond de veau* est une espece de coulis très-mal sain, de la maniere dont le font la plupart des Cuisiniers, quoiqu'il soit possible d'y suppléer avantageusement avec le secours des jus de bœuf ou de veau. Je prévois que les particuliers délicats qui ont l'habitude du blond de veau, n'en discontinueront pas l'usage ; je crois donc nécessaire de leur indiquer les moyens de rendre cette espece de coulis plus agréable & moins dangereuse.

Il faut commencer par tirer un bon jus de veau, en suivant les détails du chapitre précédent , excepté qu'au lieu de couper le veau en morceaux , il faut le couper par tranches minces sur le lit d'oignons, carotes, & un ou deux panais piqués d'un clou de gérofle , & très-peu de bouillon ; faites mitonner le tout d'abord à petit feu, ensuite à un feu vif, jusqu'à ce que la viande se rissole & s'attache même un peu à la casserole.

Sortez alors la viande , remettez sur le feu la casserole avec son caramel ; ajoutez-y du beurre frais & de la fleur de farine, que vous remuerez avec une cuiller , jusqu'à ce qu'en

fondant il fe colore & fe mêle parfaitement au caramel ; verfez-y alors
peu à peu un ou deux verres de bouillon , & faites bouillir le tout pendant
une groſſe heure , de ſorte qu'il en
réſulte un coulis d'un beau blond
doré, qui ait autant de conſiſtance que
de la crême.

Si le blond de veau n'eſt pas aſſez
coloré, on y remet les tranches de
veau riſſolées , & elles achevent de
lui donner un ſurcroît de couleur :
s'il eſt trop épais , on y ajoute un peu
de bouillon ; s'il eſt trop clair , on le
fait cuire une demi-heure de plus ,
en obſervant de le remuer ſouvent
avec une cuiller , afin qu'il ne prenne
ſa conſiſtance que par degrés , & ne
ſe coagule pas en grumeaux.

Le blond de veau fini au point
qu'on le deſire , il faut le paſſer au
tamis , & l'employer enſuite à donner du corps aux entrées.

Quoique j'aie retranché ici toutes les effences, jambons, épices & aromates, qu'on y ajoute fouvent fans raifon, je n'en fuis pas moins perfuadé que la méthode que je viens de détailler, ne fait que diminuer les dangers fans les anéantir entièrement : mais voici un procédé plus fimple & plus certain encore, de faire du blond de veau excellent, qui réunit toutes les qualités les plus falutaires, & ne poffede aucun des principes malfaifans de celui-là.

CHAPITRE V.

Blond de Veau de Santé.

COMMENCEZ d'abord par tirer un bon jus de veau à petit feu, fuivant les détails énoncés au chapitre troifieme, paîtriffez enfuite une poignée de farine avec un quarteron de beurre frais ; faites infuser un demi-gros de fafran en poudre dans le jus de veau très-chaud , & lorfqu'il l'aura coloré d'un beau jaune doré , faites-y fondre le morceau de beurre paîtri avec de la farine , en mettant la cafferole fur un feu modéré , & en remuant toujours avec la cuiller , afin qu'il prenne fa confiftance également par-tout ; lorf-que la cuiffon lui aura donné l'épaif-feur d'une bonne crême coulante , & la couleur d'un beau blond , vous le dégraifferez & le pafferez au tamis.

Cette maniere de blond de veau, qui nous vient originairement de la cuifine vénitienne , eft généralement connue en Provence : elle poffede une couleur fuperbe , des fucs excellens, qui n'ont pas été calcinés , & une fa-veur délicieufe & reftaurante , qui l'emporte de beaucoup fur le blond de veau ordinaire. Le fafran , qui fert à le colorer, eft un puiffant ftomachique, qui aide à le digérer parfaitement , & qui, loin de nuire à fa bonté, lui donne un goût très-agréable.

Il eft à defirer que cette méthode faine , foit adoptée par les Artiftes intelligens ; leurs mêts en feront bien plus délicats , la fanté des maîtres moins altérée ; & les tempéramens ordinaires , loin d'avoir à redouter les fuites d'un coulis gluant , dangereux & corrofif , trouveront dans celui-ci des fucs reftaurateurs & un chyle bienfaifant , très-propres à re-donner des forces à un eftomac foible & languiffant.

CHAPITRE VI.

Jus de Poulardes & Chapons, &c.

FAITES cuire & bouillir à petit feu, dans une marmite moyenne, une poularde graſſe ou un bon chapon dans très-peu d'eau ; une chopine ſuffit : ajoutez-y un morceau de mouton, coupé par tranches, deux oignons, piqués d'un clou de géroſle, poivre & ſel avec modération, & un peu de citron ; lorſque la volaille aura bouilli trois ou quatre heures, ſortez-la, coupez-la par morceaux, déſoſſez-la, hachez-en la viande, arroſez-la avec quelques cueillerées de bouillon, & la mettez à la preſſe, pour en exprimer fortement tout le jus.

Mélangez le jus qui en découlera ;

avec celui qui aura resté dans la marmite, coulez le tout au tamis de crin,
& l'employez à donner du corps &
de la substance aux potages, hors-
d'œuvres ou entrées en gras.

Ce jus de volailles est ordinairement blanc ; mais si on le préfere
brun, il n'y a qu'à faire rissoler sur
le gril deux tranches de bœuf, &
lorsqu'elles feront bien rôties, les
plonger dans le jus de poulardes, &
les y laisser bouillir une demi-heure.

Le jus de chapons, &c. est une des
productions les plus saines & les plus
restaurantes de la cuisine moderne ;
& pourvû qu'on évite de les faire calciner au beurre, avant de les mouiller, & qu'on en retranche la farine &
les épices, qui changent le jus en
coulis gluant & pâteux, on obtiendra
toujours des jus très-délicats : mais il
n'en faut jamais faire beaucoup, parce

qu'ils se gardent difficilement plus de vingt-quatre heures.

On observera de les dégraisser avant d'en faire usage : on peut cependant le conserver une semaine entiere, en le faisant bouillir lentement jusqu'à ce qu'il soit réduit en gelée : mais il perd alors une partie de sa délicatesse.

CHAPITRE VII.

Jus d'Oies, & de Canards.

QUOIQUE l'oie & le canard soient des oiseaux aquatiques assez indigestes, on peut en éviter les inconvéniens par la maniere de les apprêter, & en retirer des jus délicieux, qui ne le cedent pas au suc des meilleures volailles. Voici comment il se pré-

préparé de maniere à se conserver
tout le carême , & souvent trois mois
sans se corrompre.

Arrangez dans une marmite quelques tranches d'oignons, deux bandes
de lard ; trois ou quatre tranches de
bœuf, & une oie découpée comme si
on la servoit à table ; c'est-à-dire que
les cuisses & les ailes soient séparées,
& la carcasse coupée en quatre morceaux ; ajoutez-y un canard également
découpé , & versez sur le tout une ou
deux pintes d'eau bouillante, seulement pour achever de remplir les
vuides de la marmite, qui doit être
quasi pleine des viandes seules ; avant
de les mouiller, couvrez bien votre
marmite , & fermez-la aussi parfaitement qu'il sera possible.

Laissez cuire le tout quatre ou cinq
heures sur un très-petit feu ; décou-
vrez-le , pour voir si toutes les pieces
de l'oie , &c. sont également cuites ;

faites couler dans le fond celles qui
étoient au-deſſus ; ajoutez-y un peu
de poivre & de ſel, refermez-le &
le laiſſez mitonner encore une heure
ſur des cendres brûlantes.

Retirez alors votre marmite ; &
ayant de grands pots de terre bien
lavez & ſecs, rangez - y vos cuiſſes
d'oie, ailes & blancs, & vous acheverez de les remplir, en verſant deſſus le jus d'oie au travers d'un tamis ;
deux heures après, vous verſerez le
jus, qui ſe figera par degrés, & ſe
convertira en gelée ſuperbe & excellente : ſi on deſire la conſerver deux
ou trois mois, il faudra y verſer deſſus un travers de doigt de graiſſe
d'oie qui ſe ſera trouvé dans la même
marmite, & qui ſurnagera naturellement ſur la gelée.

Le même pot vous offrira alors
trois productions excellentes. 1°. La
graiſſe d'oie, qui ſupplée au beurre ;

&

& nourrit si délicatement le poisson
& les légumes ; 2°. les *cuisses d'oie*,
qui sont un manger délicieux & toujours prêt ; 3°. le *jus d'oie*, converti
en gelée, qui nourrit & donne un
goût succulent aux potages & aux
entrées.

Aussi, dans toutes les bonnes maisons de Provence & du Languedoc,
a-t-on soin tous les ans de faire cette
provision, qui se garde longtems
sans s'altérer, & offre des moyens &
secours abondans pour faire bonne
chere avec peu de dépense, dans les
climats où les oies sont par nombreux
troupeaux.

Lorsqu'on desire un simple jus
d'oie, on retire deux ou trois cueillerées de gélée, que l'on fait fondre
dans un peu de bouillon chaud, &
l'on a sur le champ une soupe excellente : mais lorsqu'on desire le con-

ferver trois mois, il ne faut pas y
mettre de fel.

CHAPITRE VIII.

Jus de Perdrix.

AU fond d'une petite marmite,
formez un lit avec quelques tranches
d'oignons, une livre de veau coupée
par petits morceaux, quelques navets
& un peu de céleri; ayant préparé
deux perdrix, lardez-les d'outre en
outre avec cinq ou fix gros lardons
de lard, & les affeoyez dans la marmite, entourées de quelques petites
tranches de veau, verfez y deux ou
trois verres de bon bouillon, couvrez-
la hermétiquement, & lutez-en le
couvercle avec un peu de pâte de farine à l'eau, afin que les vapeurs y

soient condensées, & que tout le parfum des perdrix y soit conservé.

Faites alors cuire le tout quatre ou cinq heures sur des cendres brûlantes, qu'il faut renouveller souvent, afin qu'elles ne cessent jamais de bouillir lentement ; délutés alors la marmite, sortez-en vos perdrix, désossez-les, donnez cinq ou six coups de hachoir aux viandes, & les mettez un quart d'heure à la presse ; elles rendront alors beaucoup de jus excellent, qu'il faudra mêler à celui de la marmite ; dégraissez-le soigneusement, & passez-le au tamis avant d'en faire usage.

Lorsqu'on a desservi de la table du maître des perdrix qui sont à peine entamées, on peut, avec plus d'économie, les faire bouillir deux heures dans de bon bouillon, avec des tranches fraîches de veau ; & ensuite, en les désossant, & mettant à la presse,

on obtiendra le même jus avec moins
de peine & de dépense : on peut y
employer également des restes de volailles ; ces sortes de mélanges n'en
sont que plus agréables.

Ce jus est excellent pour nourrir
toutes sortes d'entrées : lorsqu'il est
bien fait, il se convertit en gelée en
se refroidissant ; mais il est surtout
excellent pour les convalescens & les
personnes délicates, dont l'estomac
paresseux a besoin d'alimens restaurans
& faciles à digérer.

CHAPITRE IX.

Jus de lapereaux, levrauts, &c.

COUPEZ par morceaux un lapereau
ou un levraut ; après l'avoir préparé
& fait revenir, asseoyez-le dans une
casserole, au fond de laquelle vous

aurez placé quelques peu de lard haché par petits quarrés ; laiffez-le s'y
refaire & fuer un inftant ; en l'y re-
tournant de maniere à fe cuire &
rôtir légerement par-tout, jufqu'à ce
qu'il prenne une couleur un peu dorée : on peut y ajouter en même
tems que le levraut, quelques petits
oignons, champignons, du perfil, &
quelques fines tranches de veau, avec
très peu de poivre & de fel ; verfez-
y alors un verre de bouillon & un
un verre de vin blanc, deux feuilles
d'eftragon & un peu de citron ; couvrez le vaiffeau, & le laiffez cuire
deux ou trois heures à petit feu.

Lorfque vous verrez qu'il aura
rendu beaucoup de jus, & que les
chairs en feront très-tendres, fortez
tous les morceaux du levraut ou lapereau, féparez toute la chair des
os, & la mettez à la preffe, pour en
exprimer tout le fuc, jufqu'à ce qu'il

M iij

n'en reste plus que des fibres entierement desséchées ; mélangez ce suc au
jus de la casserole , dégraissez-le &
passez-le par l'étamine avant de vous
en servir.

On peut également , de la même
façon , extraire les jus du lapin , du
faisan , des poulets , pigeons & autres
animaux domestiques , & y faire dissoudre un peu de safran avec une
pincée de farine , si on desire leur
donner plus de corps , & l'apparence
flatteuse d'un blond de veau.

Toutes ces especes de jus sont du
plus grand secours en cuisine , pouvant s'employer à tout avec d'autant
plus d'assurance , qu'elles ne renferment que des sucs salutaires & restaurans.

CHAPITRE X.

Jus de Jambon.

AU fond d'une casserole profonde, mettez un morceau de beurre frais, plusieurs tranches de jambon, & sur le tout, une douzaine de morceaux de veau de la grosseur d'une noix, avec deux ou trois carotes coupées par petites rouelles.

Faites suer le tout à petit feu, & lorsqu'il aura rendu beaucoup de jus, & que les tranches de jambon & de veau commenceront à s'attacher & à être rissolées, vous le mouillerez avec un peu de bon bouillon, & le laisserez bouillonner une heure entiere, pour qu'il acheve de rendre tout son suc dans le potage ; ajoutez-y alors un verre de vin de Champagne ou de vin blanc ; faites cuire un quart-d'heure ;

M iv

ôtez-le de deſſus le feu, dégraiſſez-le, & lorſqu'il n'aura plus d'yeux de graiſſe, vous le paſſerez au tamis pour en nourrir vos entrées, &c.

Si on deſire lui donner le coup-d'œil du blond de veau, voici comment il faut le conduire. Quand le jambon & le veau auront bien rendu leur jus à ſec au fond de la caſſerole, on délayera deux cuillerées de fleur de farine avec de ce jus brun, & lorſqu'il ſera bien détrempé, on le verſera dans la caſſerole, & on le remuera toujours avec une cuiller, afin qu'il ne s'attache pas en grumeaux, & que la farine ſe cuiſe, & donne une conſiſtance agréable à tout le jus de jambon.

Lorſqu'elle aura pris aſſez de cuiſſon, on ſortira les tranches de jambon & de veau, on les hachera, les mettra en preſſe pour en ſortir tout le ſuc qu'elles renferment encore, &

mêlera le jus qu'elles auront rendu
avec celui de la casserole ; mouillez
alors le tout avec un verre de bon
bouillon & un peu de vin blanc ;
ajoutez-y cinq ou six brins de safran,
pour en relever la couleur ; & lorsque
le tout aura bouilli une heure, vous
le dégraisserez & le passerez au tamis pour l'employer dans vos hors-
d'œuvres ou entrées.

Cette seconde méthode est sans
contredit plus agréable à l'œil que la
premiere, mais elle est moins saine,
& charge plus l'estomac ; c'est pourquoi les tempéramens délicats ne doivent en manger qu'avec sobriété.

Il est plus délicat d'extraire le jus
de jambon dans le tems même où
l'on peut avoir du porc frais ; les sucs
qu'on en retire, n'ayant pas été alors
desséchés, possedent plus de substance, de goût & de salubrité ; & je
crois qu'il seroit possible d'en conser-

ver de la même qualité toute l'année,
si l'on faisoit usage de la méthode de
faire les tablettes de bouillon porta-
tives, dont nous avons donné le procédé très-exact pag. 179, chap. XVIII,
liv. II, en y employant la chair de
porc au lieu de bœuf.

Je crois devoir observer ici que les
sucs du jambon & du porc, sont d'une
nature si compacte & si difficile à bien
digérer, que les personne jalouses de
leur santé, doivent rarement en faire
usage : mais comme on en recherche
plutôt le goût relevé que la substance
même, je conseillerois plutôt l'emploi de l'essence de jambon, dont
cinq ou six gouttes suffisent pour parfumer un ragoût, & lui donner un
goût délicat, sans mêler aux entrées
aucune substance âcre, pesante &
indigeste. En voici la composition.

CHAPITRE XI.

Essence de Jambon.

FAITES fondre dans une casserole un peu de lard, découpez-y par tranches un morceau de jambon & toute la chair d'une volaille coupée par morceaux, avec un panais & deux carotes coupés par rouelles, faites suer le tout à petit feu; & lorsqu'il aura commencé à rendere son jus, vous augmenterez un peu le feu, & continuerez à le faire cuire jusqu'à ce que les tranches de jambon & de veau soient passablement rissolées des deux côtés; poussez le feu par degrés, pour que le suc commence à s'épaissir, & prenne une couleur de caramel; sortez alors de votre casserole toutes les tranches de veau & de jambon; mettez dans votre caramel un peu de beurre frais, & une groſſe pincée de fleur de farine; remuez le tout enſemble avec une cuiller, afin qu'il ſe mêle parfaitement avec votre caramel; le mélange étant fait ſans grumeaux, ôtez la caſſerole de deſſus le feu, & mouillez votre beurre & jus avec de bon vin blanc; délayez bien le tout enſemble, & le remettez alors ſur le feu pour achever de s'y cuire, en y ajoûtant un clou de gérofle; faites bouillir le tout une bonne heure; dégraiſſez-le ſoigneuſement, & le paſſez au tamis ou à l'étamine, ſans expreſſion; mettez cette eſſence en bouteilles, & la bouchez avec du papier.

Lorſque cette eſſence de jambon eſt bien dirigée, quelques goûtes ſuffiſent pour en donner le goût & l'odeur à un plat quelconque, & l'on ſent parfaitement qu'une ſi pe tite dofe, noyée dans la totalité d'une entrée, y perd toute fon âcreté, & ne lui donne aucune de ces fubftances brûlantes & gluantes que la chair de cochon entraîne toujours avec elle.

CHAPITRE XII.

Jus au Reftaurant, &c.

METTEZ à la broche un morceau de bœuf d'un côté, & un morceau de tranche de veau de l'autre, faites rôtir le tout à feux doux, jufqu'à ce qu'il foit cuit aux trois quarts, fortez vos viandes de la broche & les coupez par petits morceaux comme des dez à jouer au tric-trac; mettez-les tous dans une bouteille à goulot large, de forte qu'elle en foit pleine fans être preffée, ajoutez-y le peu de

jus qu'elles ont rendu en rôtissant ;
bouchez-là bien avec un morceau
de parchemin humecté d'eau & un
peu de pâte de farine, placez-là dans
un petit chaudron plein d'eau bouillante, & laissez vos viandes se dif-
soudre & se fondre en suc pendant
trois ou quatres heures ; si la bouteille est petite, deux heures suffisent ; autrement, il faut les y laisser
davantage ; passé ce tems, laissez réfroidir votre bouteille dans l'eau
même du chaudron, débouchez-là,
passez votre jus au tamis en pressant
légérement les morceaux de viandes
qui restent, & empotez ce jus dans
des pots à confiture, où il se con-
servera long-tems, s'il est assez cuit ;
on évitera d'y mettre ni poivre, ni
sel, parce que cela l'empêche de se
prendre, & il se fondroit en eau au
bout de deux ou trois jours.

Cette espece de jus est d'autant

plus supérieure aux autres, qu'elle
se fait au bain-marie, & que les
substances les plus volatiles y sont
parfaitement conservées; d'ailleurs,
quoiqu'il entraîne après lui l'embarras
du chaudron plein d'eau bouillante,
la facilité de pouvoir en faire à-la-
fois pour quinze jours ou pour un
mois, doit le faire préférer de tous
les amateurs qui aiment à réunir la
salubrité à la délicatesse.

CHAPITRE XIII.

Jus d'Ecrevisses.

METTEZ au fond d'une casserole
quelques oignons coupés par tranches
avec le reste de deux ou trois carotes, asseyez sur ce lit trois tranches de veau, une tranche de jambon & un demi verre de bon bouil-

lon , pour faire suer le tout à petit feu, jusqu'à ce que le veau &c. commence à se rissoler & à rendre un jus couleur de caramel.

Ayez vos écrevisses cuites dans de l'eau & du sel, épluchez-les de leurs coquilles, hachez-en la chair, & en exprimez tout le suc au travers d'un torchon neuf & fort, ou bien à la presse.

Prenez alors les écailles épluchées de vos écrevisses, lavez-les & les faites bien sécher, pilez-les le plus fin possible, délayez-les dans une casserole avec un peu de beurre, & il prendra, sur-le-champ, une couleur de rose vif & cramoisi comme vos écrevisses; cela vous donnera un coulis très-beau, dont vous pourrez colorer une entrée.

Ces jus d'écrevisses sont généralement assez sains, & il n'y a gueres que l'excès qui puisse troubler la digestion.

CHAPITRE XIV.

Le Jus au Silvain.

Dans les pays ou la chasse abonde, on retire du daim, du chevreuil & des jeunes faons des jus excellens, qui ne le cedent pour la bonté ni la salubrité au meilleur jus de bœuf.

On prend un quartier de daim ou de chevreuil &c. &c., ou de toute autre bête fauve, on le met à la broche, & lorsqu'il est rôti aux trois quarts, on le désosse, on le hache & on le met à la presse, rendre, à force de bras, tout son suc; si on doit l'employer tout de suite à nourrir des potages ou des entrées, il est inutile d'y rien faire de plus; mais si on desire le conserver une semaine ou quinze jours, il sera bon de le faire cuire à petit feu une ou deux heures, jusqu'à ce qu'il soit converti en une gelée épaisse : j'en ai conservé des mois entiers en lui donnant une consistance plus ferme, mais il ne faut y mettre ni sel, ni poivre ; car loin de la conserver, cela lui donne une disposition précoce à se tourner en eau & à se corrompre.

Mais j'ai trouvé que ces jus étoient plus sains & plus délicats, en y mêlant toujours un peu de veau, dont la fadeur tempere le fumet des viandes sauvages, & en amortit la principale âcrimonie ; c'est enfin une ressource solide & excellente dans la cuisine des grandes maisons, sur-tout, pendant le carême.

CHAPITRE XV.

Des Sauces d'Entrées.

Sauce pour Viandes blanches.

PRENEZ de la fine chapelure de pain
& une poignée de mie que vous
émiéterez & passerez à la passoire,
mettez-les dans une casserole avec un
verre de vin blanc, un citron coupé
par tranches, un verre de bon bouillon ou de consommé, demi verre
d'huile d'olive & un peu d'estragon,
laissez bouillonner le tout demie
heure à très-petit feu, dégraissez le
& le passez au tamis.

Cette sauce Provençale s'emploie
à toutes sortes de viandes, excepté

pour le gibier qui demande une
fauce à fumet.

Sauce au Fumet,

Faites bouillir des carcaffes de perdrix , laperaux ou tout autre refte
de gibier dans deux verres de bouillon avec un filet de vinaîgre , deux
feuilles de laurier , un peu de canelle ; lorfqu'elles auront bouilli une
heure , ajoutez-y un verre de bon
vin de Bourgogne , & faites bouillir
& réduire le tout jufqu'à confiftance
d'une fauce.

On l'emploie avec fuccès pour
toutes fortes de gibier.

Sauce au Blanc.

Paîtriffez leftement de la fleur de
farine avec du beurre frais , & un
peu de fel , mettez-le fondre dans
une cafferole fur un feu très-doux

fans le faire bouillir, ajoutez-y un peu de mufcade, trois tranches de citron & une ou deux petites ciboules entieres : délayez le tout avec un peu de bon bouillon ou du blond de veau de fanté, pour lui donner une confiftance coulante, & la fervez chaude fur du veau, mouton, agneau, &c. en évitant de le faire bouillir.

On la fert affez volontiers dans une fauciere pour manger des légumes au gras, tels que choux-fleurs, afperges, artichaux, &c. &c. &c.

Sauces de Santé.

Lorfqu'on a retiré des jus du bœuf ou du veau par les procédés énoncés au commencement de ce quatrieme livre, mettez-en un verre dans une cafferole avec fel, poivre, citron coupé par tranches & deux ciboules entieres qu'on fupprime avant de servir : faites bouillonner le tout un quart d'heure, & servez chaudement sur viandes rôties.

Sauce à la Crême.

Faites fondre du bon beurre dans une casserole, & y faites revenir & passer quelques champignons ou morilles, avec un peu de jambon & un morceau de tranche de veau; lorsqu'il aura pris couleur, mouillez avec du bouillon & le laissez bouillonner à petit feu une bonne heure; lorsqu'il aura rendu du suc, versez-y un demi-septier de crême douce, & ôtez toutes les viandes pour faire mijotter le tout à petit feu un quart d'heure en remuant toujours avec une cuiller pour qu'elle ne grumelle pas; lorsqu'elle aura pris une consistance convenable, passez-là & l'employez à telles viandes qu'il vous plaira, excepté pour gibier.

Sauce à la Béchamel.

Cette sauce est exactement la même
que celle ci-dessus, excepté qu'on y
ajoute persil, ciboules & échalottes
coupées par petits morceaux ou hachées très-fin ; elle doit être également blanche & nourrie d'une bonne
crême liée avec soin.

Sauce Robert.

Faites fondre beurre ou lard dans
une casserole, & faites-y revenir des
oignons coupés en rouelles, jusqu'à
ce qu'ils commencent à être cuits &
un peu roux : mouillez-les avec du
bon bouillon ou du jus de veau,
ajoutez, sel, poivre, muscade, un
peu de moutarde & un filet de vinaigre, laissez-la bouillonner une heure
& servez-la chaudement.

Cette sauce agréable est chaude &

âcre, elle ne convient qu'aux tempéramens froids ou phlegmatiques.

Sauce à l'Oseille.

Lavez bien votre oseille ; exprimez-en toute l'eau, hachez-la & la
pilez au mortier pour en retirer les
sucs en l'exprimant au travers d'un
gros torchon neuf ; sur environ
demi-setier de jus d'oseille, faites
fondre une demi-livre de beurre frais
dans une casserole, mettez-y bien
chauffer votre jus d'oseille, retirez-
en deux ou trois cuillerées pour y
délayer deux jaunes d'œufs, sel,
poivre & muscade, laissez le tout
bouillonner demi-heure.

Si on la désire plus relevée, on
peut y ajouter un jus de citron, &
sur-tout un verre de bouillon consommé qui lui donne du corps &
une saveur très-délicate.

Cette

Cette fauce eft agréable & faine, fur-tout en été, parce qu'elle eft naturellement acide, rafraîchiffante, & propre à tempérer les ardeurs d'un fang échauffé par des fatigues ou par la faifon.

Sauce à la Dauphine.

Prenez un morceau de tranche de veau, coupez-le par petits quarrés comme des dez à tric-trac, mettez un verre de bon bouillon au fond d'une cafferole & y faites blanchir deux tranches de jambon, en y ajoutant enfuite demi verre d'huile d'olive, perfil, eftragon, champignon & olives ; on obfervera de hacher menu le perfil & l'eftragon feulement, laiffez bouillir demi heure à petit feu, mouillez avec du bon bouillon confommé un moment avant de le retirer, jettez un demi verre de vin blanc, dégraissez & servez chaudement : on peut y ajouter la moitié d'un citron pour le relever.

Cette sauce assez généralement recherchée en Dauphiné & dans la plupart des bonnes cuisines, est bien agréable, mais pesante pour ceux qui n'ont pas accoutumé l'huile ; c'est pourquoi je conseille d'y ajouter le jus d'un citron pour en faciliter la digestion.

Sauce au Céleri.

Faites blanchir dans du bouillon une livre de rouelle de veau, piquez-la ensuite avec des tiges de céleri en guise de gros lard, mettez dans le fond d'une casserole quelques oignons blancs coupés par tranches, deux carotes coupées par zestes & un petit morceau de lard piqué d'un clou de gérofle, couchez-y votre rouelle de veau, & faites suer le tout à fec jufqu'à ce que le veau commence à roullir & à vouloir s'attacher à la cafferole, mouillez alors avec du bon bouillon & fermez-la pour laiffer bouillir le tout à petit feu trois heures.

Découvrez alors la cafferole, pallez au travers d'une ferviete écrue & vous en fervez pour telles viandes qu'il vous plaira, fans oublier le morceau de veau qui, coupé par morceaux, peut fervir à garnir & fortifier une entrée.

Cette fauce eft reftaurante & délicate, mais elle vaut mieux l'hiver que l'été, parce qu'elle eft un peu échauffante.

N. B. Les Sauces à l'eftragon, au femoule, au perfil, &c. fe font exactement de la même maniere.

Sauce au Poulet.

Faites fondre un morceau de beurre dans une caffefole, & y faites reve-nir un peu de veau coupé par petits morceaux, avec quelques champi-gnons hachés groffiérement : mouillez enfuite avec du bon bouillon, ajoutez y un peu de fel & poivre, & lorfque le tout aura rendu un bon jus, paffez le au tamis, & faites une liaifon avec deux jaunes d'œufs battus & délayés avec du bouillon & un petit filet de verjus ou de vinaigre, re-mettez-la frémir un moment fur le feu (fans bouillir) & la fervez chau-dement fur telle viande blanche qu'il vous plaira.

C'eft une fauce douce, agréable & faine, convenable à tous les âges & d'une digeftion très-facile.

Sauce au Civet, pour Lievre, Levraus, Lapins.

Prenez les foies d'un levraut, lievre ou lapin, faites-le revenir dans un peu de graisse blanche, ajoutez-y un verre de bon bouillon ou du blond de veau de santé, trois ou quatre petits oignons, deux feuilles de laurier & un verre de vin rouge, faites cuire à petit bouillon jusqu'à ce qu'il ait pris un bon goût relevé, & la passez au tamis avant de la servir.

On peut servir cette sauce agréable sous un lievre ou levraut rôti.

Sauce au pauvre homme.

Faites chauffer deux verres d'excellent consommé, ajoutez-y une tranche de citron & une poignée de ciboule hachée, dont il ne faut employer que le blanc, faites bouillir un quart d'heure, jettez le citron & servez chaud.

C'est une des sauces les plus saines & les plus restaurantes que je connoisse, elle convient beaucoup aux vieillards & aux personnes foibles & délicates.

Sauce aux Truffes.

Choisissez de belles truffes bien odorantes & point vermoulues, épluchez-les légérement & les coupez par tranches, hachez en les plus petites avec persil, ciboule, échalotte, sel & poivre, paitrissez-les ainsi hachées avec un pain de beurre frais, jusqu'à ce qu'elles soient bien mêlées également dans le beurre.

Frotez avec ce beurre le fond d'une casserole, & rangez-y dessus un lit de truffes coupées par tranches, mettez ensuite un petit lit de beurre & puis un second lit de tranches de truffes,

& ainſi alternativement juſqu'à l'entier emploi des truffes ; ayant ſoin de proportionner le beurre aux truffes, c'eſt-à-dire, environ deux livres de truffes par livre de beurre ; ajoutez-y deux cuillerées à bouche d'huile d'olive, & recouvrez votre caſſerole.

Faites ſuer le tout à petit feu un bon quart d'heure, ajoutez-y un peu de vin blanc & un verre de blond de veau de ſanté avec un filet de jus de citron, & ſervez très-chaud.

Cette ſauce eſt ſans doute très-fine & délicate, mais je la crois peu ſaine, & ne conſeille d'en uſer qu'aux eſtomacs robuſtes & vigoureux.

Sauce aux Huîtres.

Paitriſſez du beurre frais avec de la fleur de farine ; & en faites fondre dans une caſſerole avec ſel, poivre, deux tranches de citron & un peu de muscade, achevez de lui donner la fluidité nécessaire avec du bon bouillon ou du blond de veau, & mettez-y vos huîtres cuire une demie heure : en les sortant, couvrez-les de rapure de croûte de pain, elles en seront plus délicates.

Quoique ce soit un met friand, assez recherché, il est naturellement pesant & ne convient qu'à de bons estomacs.

Sauce à la bonne Femme.

Au fond d'une petite marmite, mettez un peu de lard coupé par petits morceaux, une livre de tranche de veau coupée par petits quarrés, deux carotes coupées par rouelles, un peu de basilic, sel, poivre & un oignon avec deux feuilles de laurier : ajoutez-y un petit verre d'eau, fermez bien la marmite, faites cuire trois bonnes heures à petit feu, ouvrez-la & paffez votre fauce au tamis.

C'eft une fauce excellente, fortifiante & faine, qui convient à tous les tempéramens & à tous les âges.

Sauce au Porc frais.

Faites chauffer de l'huile d'olive au fond d'une cafferole, & lorfqu'elle fera bouillante, jettez-y trois ou quatre oignons coupés par tranches ; lorfqu'il fera riffolé, ajoutez-y du bon bouillon, perfil, laurier, bafilic, fel, poivre & citron par tranches, faites le bouillir à petit feu ; dégraiffez, paffez-la au tamis, & la fervez fous du porc frais rôti.

Cette fauce eft un peu acide, afin de divifer & faciliter la digeftion des fucs épais & graiffeux du cochon, elle eft en outre agréable & délicate.

Sauce à la Provençale.

Mettez dans une casserole un demi verre d'huile, du bon beurre, persil, ail rocambolle, sel, poivre & un citron coupé en quatre, laissez cuire demie heure & servez-la chaudement en la remuant bien pour qu'elle soit liée.

Elle peut servir à beaucoup de mets différens, mais elle ne paroîtra pas agréable aux palais parisiens accoutumés au beurre ; c'est cependant une des sauces favorites des cuisines d'Aix & de Marseille.

Sauce à la Huguenotte.

Faites fondre du bon beurre, un peu de farine, une gousse d'ail entiere, persil, sel & poivre, ajoutez-y un verre de consommé restaurant ou de blond de veau, ou du jus de veau avec un jus de citron ; lorfqu'elle aura pris confiftance, fervez-la chaudement fur toutes fortes de viande.

C'eft une fauce agréable & faine de la cuifine Languedociénne.

CHAPITRE XVI.

Des Sauces pour Rôt.

Sauce à l'Eftragon.

Mettez au fond d'une cafferole deux ou trois oignons coupés par tranches ainfi que deux carotes, un petit morceau de veau coupé en petits dez ; & faites fuer le tout à petit feu jufqu'à ce qu'il commence à touffir ; mouillez alors avec du bon bouillon , & le laiffez cuire & bouillonner doucement une bonne heure,

ajoutez-y alors une groſſe pincée
d'eſtragon haché menu & deux ou
trois tranches de bigarade, laiſſez
infuſer un quart d'heure avec ſel,
poivre & muſcade, & paſſez-la au
tamis.

Si on deſire qu'elle ſe forme en
gelée, il faudra y ajouter un jarret
de veau & le faire bouillir avec le
bouillon ; alors, étant froid, elle ſe
convertira en belle gelée.

C'eſt une des meilleures ſauces,
& pour le goût & pour la ſanté,
qu'on puiſſe faire pour le rôt.

Sauce à la Carmélite.

Mettez dans une caſſerole un verre
de bon vin blanc (ou du champagne) avec un verre de bouillon
conſommé, pimprenelle, baſilic,
feuilles de laurier, ſel, poivre &
trois ou quatre zeſtes de bigarade,

faites bouillir lentement & servez chaud.

Elle est agréable & saine.

Sauce au Verd-Pré.

Pilez du froment verd ou des feuilles de mauve, & exprimez le jus.

Faites fondre & bouillir dans une casserole du bon bouillon, un filet de vinaigre, sel, poivre & croûtes de pain ; lorsque le tout aura pris goût, versez-y de votre suc de froment & ne le laissez qu'un instant sur le feu, afin qu'elle ne perde pas le beau verd que le froment lui donne, passez au tamis & servez sous le rôt ou dans une sauciere.

Elle est agréable & d'une digestion facile.

Sauce au pauvre Homme.

Mettez dans une sauciere du suc

de verjus, sel, poivre & blanc de
ciboules hachées très-fin avec un peu
d'huile d'olive ; on peut la rendre
plus coulante avec une cuillerée de
bouillon.

Sauce à la Tartare.

Garnissez une casserole avec oignons
par tranches, un peu de veau par
petits morceaux, tranche de jambon,
ail, sel & poivre, coriande, huile &
citron, ajoutez-y un verre de bon
bouillon & demi verre de vinaigre,
faites bouillir & réduire à consistance de sauce, passez au clair, &
servez chaud ou froid après avoir bien
dégraissé.

C'est une sauce piquante, très-
agréable, mais très-échauffante, &
dont il seroit dangereux de faire journellement usage.

Elle est excellente lorsqu'on a perdu
l'appétit ou que la saburre de l'es-

romac a besoin d'un stimulant capable de la ranimer.

Sauce aux Carmes.

Prenez une chopine de consommé, ajoutez-y deux verres d'excellent
vin de Bourgogne avec une tranche
de canelle & un peu de coriandre,
faites bouillonner lentement le tout
jusqu'à consistance d'une sauce, &
la passez au tamis.

Elle est saine, fortifiante, mais
chaude.

Sauce verte aux Pistaches.

Mettez au fond d'une casserole
un verre d'excellent consommé &
un morceau de beurre frais, coupez-
y quelques oignons blancs par tranches, une carote fendue en quatre
& une vingtaine de pistaches vertes
pilées, laissez cuire le tout demie

heure, passez-la au tamis & la servez
chaudement.

Cette sauce a un coup d'œil flatteur & un goût des plus délicats
lorsqu'elle est faite avec soin, elle
d'ailleurs fortifiante & faine.

Sauce aux Champignons.

Coupez par petits morceaux des
champignons, exprimez en le jus qui
est ordinairement âcre & mal-fain,
hachez-les bien fin, & les faites revenir dans un peu de beurre fondu,
mouillez-les avec du bon bouillon,
persil, ciboules & deux gousses d'ail
entieres, écumez & faites cuire une
demie heure sur un feu modéré,
passez au tamis & servez chaud après
l'avoir dégraissée.

On peut, à volonté, y ajouter des
jaunes d'œufs, des jus de veau ou
du blond de santé; elle en sera plus
subftantielle & plus succulente; mais

alors, il faut y ajouter un jus de citron ou d'orange.

Elle est agréable au goût, mais peu restaurante à la santé.

Sauce au Palatin.

Faites réduire à moitié une pinte de bon bouillon, faites-y dissoudre une poignée de mie de pain émiettée, avec un peu de beurre frais, sel, poivre & un peu de gimgembre, remuez souvent la sauce avec une cuiller, & la laissez cuire & bouil-lonner lentement jusqu'à réduction convenable ; servez-la chaudement, en observant qu'elle soit d'un goût moëlleux, délicat & peu forcé en épices.

Cette sauce est chaude, âcre & ne convient qu'aux tempérament froids & phlegmatiques ; les per-sonnes bilieuses & maigres doivent s'en abstenir ou n'en faire usage que très rarement.

Sauce à la Morue.

Hachez, pressez & faites revenir des champignons dans du beurre fondu, ajoutez-y ail piqué d'un clou de gérofle, mouillez avec de la crême douce, persil haché & blanchi, & laissez bouillir le tout au point de consistance, passez-la au tamis si vous voulez, & la servez chaudement.

Elle est agréable & assez saine, on peut l'éclaircir avec du bouillon.

Sauce à la Moutarde.

Faites bouillir dans une casserole deux verres de bon bouillon, sel, poivre, échalotes hâchées menues; lorsque le tout aura bouilli demie heure, ajoutez-y une cuillerée de moutarde & servez-la chaudement.

Sauce piquante.

Faites bouillir un grand verre de bouillon avec un verre de vin blanc & une petite tranche de jambon; lorfqu'ils auront bouillonnés demie heure, ajoutez-y un peu d'huile d'o-live, un citron coupé par tranches (après en avoir ôté la peau) deux cuillerées de vinaigre blanc, fel, poivre & eftragon, le tout infufé deux ou trois heures fur cendres chaudes; dégraiffez & paffez au tamis avant de fervir.

Cette fauce eft chaude & poffede affez d'âcreté pour n'en pas faire journellement ufage; elle eft, au refte, agréable & piquante au goût.

Sauce à l'Eau.

Faites bouillir cinq minutes un verre d'eau, un verre de vinaigre, sel, poivre & un oignon coupé par tranches, & servez chaud dans une sauciere : on peut aussi la manger froide.

Elle est rafraîchissante & saine.

Sauce au Verjus.

Pilez du verjus, exprimez-en le suc, & le mettez dans une sauciere avec autant de bon bouillon, sel & poivre, concassé.

Très-saine.

Sauce au Citron.

Faites bouillir dans une casserole deux verres d'eau, ajoutez-y sel, poivre, persil haché, un morceau de beurre & le jus de deux citrons qu'on y exprimera, laissez-là chauffer cinq minutes & servez.

Elle est agréable, piquante & très-saine.

Sauce à la Marquise.

Dans deux verres d'excellent consommé ajoutez une pincée de fleur
de farine, gros comme une noix de
beurre frais, sel, poivre & échalotes hachées menues, avec un filet
de verjus ou de jus de citron, faites
bouillir le tout demie heure en le
remuant soigneusement & servez
chaud.

Délicate fortifiante & saine.

Sauce à la Cardinale.

Prenez du bon consommé, dans
lequel vous ferez dissoudre, en bouillant lentement, une once de mie
de pain mollet & du blanc de volaille pilé très-fin; lorsque le tout
sera réduit en crème, ajoutez-y sel,
poivre & un oignon cuit sous la
cendre, passez ensuite au tamis en

le bourrant avec la cuillere, & le faites chauffer cinq minutes pour y faire fondre deux onces de beurre d'écrevisses qui lui donnera une couleur de rose superbe, servez-la chaudement.

Sauce à la Vestale.

Faites dissoudre, dans un grand verre de bon bouillon, de la mie d'un pain au lait, deux jaunes d'œufs durs, deux ou trois amandes ameres bien pilées, sel, poivre, laissez infuser & frémir le tout une heure sur le feu, en le remuant toujours & observant qu'elle ne bouille jamais; & lorsqu'elle sera bien liée & d'un joli blond, vous la servirez chaude.

Elle est délicate, douce & fortifiante.

Sauce pour toute sorte de Gibier.

Sortez-en les foies, faites les blan-

chir & les pilez très-fins avec fel,
poivre, rocambolle, échalotes, perfil,
ciboule, délayez le tout dans un verre
de bon confommé avec un filet de
vinaigre & un peu de beurre, faites
bouillir & lier le tout fur le feu pour
être fervi chaudement.

Au défaut de confommé, on peut
faire ufage du bouillon.

Ce même procédé peut également
fervir pour plufieurs fortes de poif-
fons, tels que la raie, l'éperlan, le
brochet, &c. lorfqu'on les veut accommoder en gras.

Sauffe blonde pour Poiffon, &c.

Dans un verre de bon bouillon,
faites fondre un peu de beurre frais,
avec perfil, oignons & champignons
hachez; mouillez avec un verre de
vin blanc, un citron coupé par tranches, fel, poivre & macis; faites

bouillir le tout une demi-heure, & achevez de lui donner du corps, en y délayant trois ou quatre jaunes d'œuf; remuez-la toujours sur le feu durant cinq minutes, passez au tamis, & servez sous tel poisson qu'il vous plaira.

Très-agréable, mais chaude & apérissante.

Sauſſe-Rémoulade.

Prenez perſil, ciboule, câpres, enchois, échalottes, & deux branches de céleri, ſel & poivre; hachez bien le tout enſemble.

Délayez-le avec huile, vinaigre & un peu de moutarde, & lorſque vous l'aurez miſe au point d'une ſauce, mettez-là dans une ſauciere, & ſervez froid.

Elle eſt un peut piquante, mais aſſez ſaine.

Sauce pour Volailles.

Hachez menu perfil, échalotes ;
ciboule, rocamboles, fel, poivre &
un foupçon de mufcade ; exprimez-
y le jus de deux ou trois citrons ;
liez le tout avec une cuillerée d'huile
d'olive ; remuez-le cinq minutes,
pour lui donner plus de mucilage ;
& fervez-la froide deffous un dindon
rôti ou une volaille.

Cette fauce eft agréable, rafraîchiffante, & très-falutaire à la fanté.

Sauce Angloife.

Faites fondre du beurre frais dans
du blond de veau, ajoutez-y des racines de corinthe, des cornichons
coupés en filets, deux ou trois tranches de citron, fel & poivre modé-
tément, & lorfque le tout fera bien
marié fur feu doux, fervez.

Tome I.

Elle est un peu gluante , & quoiqu'agréable , elle laisse beaucoup à desirer pour la salubrité.

Sauce Vierge.

Faites bouillir un demi - septier d'eau ; dans laquelle vous ferez fondre une once de tablettes de bouillon (liv. II , chap. XVIII) ; ajoutez-y alors blancs de volailles & jaunes d'œufs pilés ensemble , avec sel , poivre & muscade ; délayez - les dans votre bouillon avec deux tranches de citron que vous couperez en quatre pour faire surnager dessus.

Elle est fine moëlleuse , très-agréable & saine : elle peut servir à tout.

Marinade.

Maniez un morceau de beurre avec de la fleur de farine , faites-le fondre dans un peu d'eau chaude , avec sel ,

poivre, vinaigre, ail, échalotes &
perfil, en la remuant toujours; &
lorfqu'elle fera bien mariée, vous y
ferez mariner telles viandes qu'il vous
plaira.

Sauce au Vénitien.

Mettez deux tranches de jambon
au fond d'une cafferole, deux anchois, champignons, fines herbes &
cerfeuil haché menu; lorfque le tout
aura un peu fué, & commencera à fe
riffoler, ajoutez un verre de vin blanc;
un demi-verre d'huile, deux tranches
de citron, & un peu de bouillon;
laiffez mitonner & bouillir lentement
une heure; dégraiffez, paffez au tamis, & fervez fous telles pieces de
rôts qu'il vous plaira.

Cette fauce eft agréable & piquante; mais quoiqu'un peu échauffante, je la crois faine, appétiffante,
& convenable aux tempéramens;

étant corrigée par l'acide du citron;
qui la tempere beaucoup.

Sauce à la Matelote.

Faites bouillir ensemble une chopine de bouillon & une chopine de
bon vin, avec deux feuilles de laurier, un peu d'eftragon, cerfeuil,
poivre fel, & une gouffe d'ail; faites
réduire le tout au point d'une fauce:
vous pouvez y mettre cuire du poiffon ou tel viande que l'on veut dedans, ou bien la fervir à part dans
une fauciere.

Elle eft agréable & faine.

Sauffe Mariniere.

Dans une chopine d'eau bouillante,
mettez une livre de bœuf coupée par
tranches, un morceau de jambon,
quelques reftes de chair de volailles
avec capres, anchois & cornichons;

laiſſez cuire le tout deux ou trois heures à petit feu , juſqu'à réduction de
moitié eau ; ſortez alors le bœuf & le
jambon ; hachez-les , & en exprimez
les ſucs dans votre ſauce au travers
d'un torchon fort ; dégraiſſez & ſervez-
la chaudement.

Elle eſt nourriſſante , fortifiante ,
& très-ſucculente.

LIVRE V.

Des Epices, Assaisonnemens & Garnitures.

CHAPITRE PREMIER.

Des Epices en général.

UN des excès les plus dangereux de la cuisine ancienne, c'étoit l'abus des épices & des plantes aromatiques, dont les mélanges incendiaires, blessoient le goût, calcinoient les entrailles, & détruisoient entierement cette douceur & cette délicatesse que la nature bienfaisante prodigue à nos alimens.

Lorsqu'une main prudente les dispense avec une juste modération, ils

ils donnent un relief & un parfum
agréable à tous nos mêts , & corri-
geant leur infipidité naturelle , leur
communique un goût délicat, la qualité d'être d'une digeftion plus facile & plus. prompte , & de produire
un chyle mieux élaboré.

Mais lorfqu'un Artifte ou une Cui-
finiere ignorante les prodigue fans
ménagement , ce font alors de véritables poifons, dont l'âcreté corrofive
brûle les fibres du palais & de l'eftomac, deffeche les entrailles , & répand dans la maffe du fang des principes inflammatoires , qui confument
dans quelques années les tempéramens les plus vigoureux.

La cuifine moderne , plus délicate
& plus fenfuelle , s'attachant aujour-
d'hui à rechercher les combinaifons
les plus agréables des épiceries , &
les mariant enfemble avec une jufte
économie, eft enfin parvenue à attein-

dre & à connoître les doses néceffaires
à aiguifer nos alimens avec une plus
grande perfection.

Les épices & les aromates doivent
être confidérés comme les parfums
les plus exquis de nos alimens : autant une odeur douce & fuave nous
plaît & nous flatte longtems, autant
une odeur forte & violente nous révolte ou ne nous plaît qu'un moment.
Comme l'ufage de ces dernieres attaque le genre nerveux, & fait des
impreffions fortes & nuifibles fur tous
nos fibres, de même l'excès des épices
entraîne des ravages plus dangereux
encore dans tous les corps , parce
qu'ils font intérieurs , invifibles , &
prefqu'incurables.

J'invite donc tous les amateurs d'une
cuifine faine & délicate , d'en prefcrire chez eux l'ufage le plus modéré.
Je vais m'attacher à prefcrire leurs
mélanges les plus délicats, & détailler

la maniere de les marier ensemble
pour en former ces combinaisons ex-
quises qui nous offrent les moyens de
jouir sans cesse de toutes les délices
de la table, sans nuire à notre santé.

CHAPITRE II.

Assaisonnemens du Pays.

Nos assaisonnemens Européens sont,
1°. le *Sel*, dont l'usage est si généralement nécessaire, qu'il n'y a presque
point de mêts ou d'entrées, &c. où
il n'entre : il sert à conserver les viandes, le poisson, le beurre, les fro-
mages & beaucoup de légumes &
d'animaux, qui se conservent plusieurs mois dans l'eau-sel sans s'y
corrompre.

2°. Le *Beurre*, qui n'est que la
crème du lait de vache, qu'on bat

O v

& féparé du petit lait pour lui donner
fa confiftance. Le meilleur doit être
jaune, gras : celui du mois de Mai
eft le plus nourriffant & le plus frais,
parce que c'eft le tems des herbes
nouvelles, pleines de fucs & de
rofée.

C'eft par conféquent au mois de
Mai, qu'on doit faire provifion de
beurre pour l'hiver, en mettant dans
une grande terrine un lit de fel & un
lit de beurre, & ainfi alternativement
jufqu'au bord du vafe.

Le *Beurre* falé fe confervera plus
frais, fi l'on fait au milieu, avec un
bâton, un trou d'un pouce de largeur, qui aille jufqu'au fond du pot ;
on y jettera une poignée de fel, &
on remplira le trou avec de l'eau
fraîche, qu'on renouvellera de tems
en tems.

De la Graisse blanche.

30. La *Graisse blanche*, qui se retire de la panne du porc frais, qu'on coupe par petits morceaux & qu'on met dans une grande marmite, sur un feu très-doux, pour la faire fondre & la séparer de ses pellicules sans la faire bouillir. A mesure qu'elle se fond, on doit avoir des pots de terre vernis dedans & dehors ; on jettera au fond une grosse pincée de sel égrugé, & on versera la graisse blanche à mesure qu'elle fondra ; on continuera la même opération jusqu'à ce qu'en remuant les morceaux de panne ou de lard, ils ne rendent plus de suc, & qu'il n'en reste que les fondrilles ou le gratin, qui peut encore se saler & se paîtrir avec de la farine, pour en faire des gâteaux de campagne, que beaucoup de personnes trouvent à

leur goût, quoique très - indigestes.

La graisse étant froide, on la couvrira avec du papier, & on la rangera dans une dépente fraîche, à l'abri des mouches & du soleil : elle se conserve une année entiere, & est d'une ressource excellente pour suppléer au beurre lorsqu'il n'est pas frais.

J'ai remarqué très - souvent que dans les cuisines les plus délicates de la Provence, on ne se servoit généralement que de cette graisse blanche pour accomoder toutes les entrées & ragoûts, & qu'ils étoient plus succulens & plus faciles à digérer que ceux qui sont préparés avec le beurre.

Il est certain que tant qu'elle n'est pas rance, c'est un de nos meilleurs assaisonnemens indigenes.

4°. Le *Persil*, dont l'usage est très-multiplié dans toutes les cuisines, communique aux alimens une saveur

plus relevée ; mais fon excès échauffe
& enflamme le fang : il faut le choifir
d'un beau verd, à larges feuille bien
dentelées , & fur-tout prendre garde
de ne pas le confondre avec la cigue ,
à laquelle il reffemble beaucoup.

5°. Le *Cerfeuil*, qui eft plus délicat, & qui a le même goût que le
perfil, m'a toujours paru préférable :
il eft plus agréable au palais, plus
doux dans les mêts , & ne reffemble
pas à la cigue ; mais il échauffe prefqu'autant, lorfqu'il n'eft pas employé
avec ménagement : il doit être choifi
court, à feuilles d'un beau verd , bien
odorantes ; il fortifie l'eftomac , &
prévient la putréfaction des alimens.

6°. Les *Champignons* & *Moufferons*.
Il y en a de plufieurs efpeces , parmi
lesfquelles, les oronges , les champignons de couches & les moufferons
font les plus eftimés & les feuls par-

faitement connus ; les autres efpeces
font généralement vénéneufes , &
quoiqu'il y en ait fans doute d'autres
bons , comme il eft fouvent arrivé
qu'ils ont été confondus avec les ve-
nimeux , & qu'il en eft quelquefois
réfulté les accidens les plus graves ,
tels que ceux d'empoifonner une famille entiere , nous croyons qu'il eft
très-imprudent d'employer en cuifine
d'autres champignons que les trois
efpeces que nous venons d'annoncer :
j'ajouterai de plus que ces mêmes
champignons , qu'on met au rang
des morceaux friands, font une mauvaife nourriture , pefante , froide ,
indigefte , & capable d'occafionner
des fuffocations mortelles : il eft donc
prudent de ne faire qu'un ufage modéré de ceux mêmes que l'expérience
reconnoît pour bons.

7°. Les *Morilles* , dont le goût dé-

licat fait les délices des bonnes cuifines, eft une production qui par fon
goût, fon fuc & fes effets, approche
beaucoup de la nature du champignon : malgré toute la prudence poffible, fon ufage a fouvent produit des
événemens fâcheux; auffi ne doit-on
en faire d'emploi qu'avec la plus
grande modération.

8º. Les *Truffes*, efpece de pommes
qui viennent fous terre, & que les
pourceaux d'Italie & de Provence dé-
terrent avec leur mufeau, font un
aliment excellent, très-parfumé &
d'un fuc des plus agréables; auffi
font-elles généralement recherchées
fur les meilleures tables : cependant,
commes elles font dures, pefantes,
& d'une digeftion difficile, qui ne
produit que des fucs chauds, âcres &
inflammatoires, il fera très-prudent
de n'en manger qu'avec précaution,

ou de les répandre dans les mets avec
épargne.

9°. Les *Câpres* font les enveloppes
des fleurs d'un caprier , arbriſſeau
épineux : on les conſerve dans le vinaigre , & elles ſervent à beaucoup de
mêts , & leur communiquent une
ſaveur fine & piquante , qui en aug-
mentent la délicateſſe : elles ſont d'un
goût agréable , & d'un ſuc aſſez ſalutaire. On doit éviter ſoigneuſement
celles où l'on a fait entrer du verd-
de-gris pour leur donner une belle
couleur verte.

10°. *Les Cornichons* ſont des eſpeces de petits concombres raboteux ,
qui viennent ordinairement ſur des
couches , & qui , confits dans le vinaigre , donnent un aſſaiſonnement
agréable dans les ragoûts , & four-
niſſent des plats d'hors-d'œuvres : ils
ſe mangent avec le bouilli , aiguiſent

l'appétit , & ne peuvent nuire à la
santé , à moins qu'on n'en mangeât
avec excès. Les meilleurs doivent être
choisis gros comme le petit doigt ,
d'un beau verd , & légerement raboteux.

11°. Les *Capucines* font les fleurs
d'une plante rampante ; elles font
d'un jaune tirant fur l'aurore , d'un
parfum agréable , fur-tout dans les
falades, qu'elles relevent & embéliſ-
fent : les graines de cette plante fe
confifent dans du vinaigre , & s'emploient fouvent en guife de câpres ,
dont elles approchent beaucoup quant
à la faveur & à la falubrité.

12°. Les *Pignons* ou les *Noix du
Pin* , s'emploient avec fuccès dans la
plupart des ragoûts d'Italie & de provence , & font vivement recherchés
des gens délicats & friands : on doit
les choifir récents, ainfi que les aman-

des. Ils ont fuc doux & mucilagineux, très convenable aux perfonnes qui ont le genre nerveux, fufceptible d'irritation, & donnent un chyle très-bon quand ils font frais : ils peuvent enfin fuppléer avec fuccès aux amandes dans les climats froids, où l'amandier ne donne pas de fruit.

13°. Le *Baume* des jardins eft une efpece de menthe dont le parfum agréable fe communique facilement aux mets dans lefquels on en fait bouillir un brin : elle eft chaude & aromatique : on fera bien d'en ufer l'hiver plutôt que l'été.

14°. Le *Laurier*. Celui qui s'emploie dans les ragoûts, vient très-grand, d'une odeur forte, mais agréable, produifant des graines noires : on ne fait ufage en cuifine que des feuilles, qui parfument merveilleufement les civets ; le gibier & la plupart des viandes noires : il ne faut pas le confondre avec le laurier rofe, que plufieurs prétendent être un poifon, ni avec le laurier fuivant.

150. Le *Laurier* à grandes feuilles vient plutôt en arbufte, a les feuilles larges & longues, d'un verd très-clair, & prefqu'inodore : mais il a la propriété, bouilli dans l'eau ou dans du lait, de leur communiquer le goût de l'amande pilée, & de les parfumer d'une maniere très-agréable : il n'incommode jamais, & fait très-bien dans les crêmes.

160. Le *Bafilic,* la *Menthe,* le *Thim,* le *Serpolet,* le *Romarin* & la *Marjolaine,* font des plantes aromatiques qui poffedent les mêmes fucs & les mêmes vertus, quoiqúe leurs parfums foient un peu variés; elles font très-odorantes & doivent être employées avec une fage modération

par les artistes intelligens : elles entrent dans beaucoup de mets.

17°. La *Sauge* est une plante aromatique, encore plus chaude & plus odorante que les précédentes; l'excès de sa force & de sa saveur la fait employer rarement des artistes délicats ; cependant, elle fait merveilleusement bien avec le lard & surtout avec le porc frais rôti, & les cochons de lait qui sont excellens piqués avec plusieurs brins de cette plante, dont la vivacité ranime l'insipide fadeur : elle fait aussi très bien avec le gibier noir, le sanglier & le marcassin; mais sa chaleur âcre & brûlante doit en faire user avec beaucoup de modération par tous ceux qui ont le sang enflammé ou bilieux.

18°. Le *Fenouil*, plante aromatique à hautes tiges, dont les brins, les fleurs & la graine entrent dans beau-

coup d'alimens, & lui donnent un
relief & un parfum affez agréable ;
il eft âcre, chaud & poffede les
mêmes vertus que l'anis.

19°. La *Coriandre*, on ne fe fert
que des graines pour la mêlanger aux
épices ou aux alimens ; elle eft modérément chaude, donne un goût &
un parfum charmant, & entre auffi
dans beacoup de productions du confifeur & du liquorifte.

20e. Le *Safran*, cette plante, aujourd'hui naturalifée en Europe,
donne des étamines couleur aurore
d'une odeur douce & agréable ; il
eft très-eftomachique, & fert fouvent
à colorer des mets & du laitage ;
cependant, beaucoup de perfonnes
ont de l'averfion pour cette plante ;
& je la crois même d'un ufage nuifible à ceux qui ont le genre nerveux, délicat ; il entre auffi dans

plusieurs especes de liqueurs fines, & étoit jadis d'une consommation plus étendue qu'aujourd'hui.

21º. La *Sariette*, plante aromatique souvent employée en cuisine; elle donne aux ragoûts une saveur & un parfum des plus agréables & facilite la digestion; mais elle est naturellement chaude, & les jeunes gens ne doivent en user qu'avec modération.

22º. L'*Echalote* & la *Ciboule* sont deux plantes très-souvent employées à la cuisine; elles raniment l'appétit, ont une saveur agréable & fortifient l'estomac; elles entrent dans les trois quarts des entrées des sauces, &c. &c. & quoiqu'on leur attribue encore beaucoup d'autres utilités; l'expérience ne les a pas encore justifiées, & l'on voit, au contraire, qu'elles échauffent beaucoup le sang, lorsqu'on en fait trop souvent usage.

23°. L'*Ail* eſt une gouſſe qui vient ſous terre, & donne pluſieurs bulbes chaudes, âcres & très - odorantes, dont l'uſage eſt très familier en cuiſine; & qui, ménagé par une main prudente, offre un aſſaiſonnement agréable, & ſouvent méconnu par les perſonnes mêmes les plus délicates de la capitale.

Lorſqu'on le mange pur en ſalade ou en ragoût, il laiſſe une odeur forte & déſagréable qui le fait généralement déteſter; c'eſt l'anti-putride le plus certain & celui qui réſiſte le plus aux contagions épidémiques, auſſi ſert-il de baſe au vinaigre des quatre voleurs & de préſervatif aux habitans des pays chauds, pour prévenir la putridité des humeurs & la corruption de leurs alimens : il eſt certain que ſa mauvaiſe odeur à part, il eſt très-ſain,

pris avec modération par les personnes grasses ou phlegmatiques ; les
gens maîgres ou bilieux doivent s'en
abstenir, parce qu'il jette de l'inflammation dans le sang.

24°. La *Rocambolle*, tubercule
provenant d'une tige assez semblable
à l'ail, dont il possede la saveur &
les qualités à un degré plus foible:
elle donne du goût & de l'agrément
aux viandes, corrige leur acidité &
échauffe beaucoup ; cette derniere
raison doit en faire user rarement
aux bilieux & aux personnes maigres,
dont le sang est toujours disposé à
s'enflammer facilement.

25°. La *Moutarde*, c'est une composition faite avec des petites graines
du *Sinapi* qu'on broye & délaye avec
du vin blanc ou du vinaigre ; elle
entre comme assaisonnement dans
beaucoup de mets, & leur communique

nique une faveur piquante & agréable :
on la mange ordinairement auffi avec
le bœuf bouilli ou rôti ; les perfonnes
maigres doivent en ufer avec fobriété,
car elle échauffe beaucoup & porte
dans tout le fang des principes inflammatoires difficiles à diffiper.

260. L'*Eftragon*, plante aromatique,
dont le parfum fuave & la faveur
agréable font généralement recherchés, s'emploie dans les ragoûts &
plus encore dans les falades, dont
il fait l'ornement & la délicateffe ;
c'eft un des meilleurs affaifonnement
que nous poffédions en Europe, il
fortifie l'eftomac, empêche la putréfaction des alimens & tue les vers ;
mais il échauffe un peu.

270. Le *Miel*, cet affaifonnement
étoit plus en ufage chez les anciens
que chez les modernes, il fuppléoit
alors au fucre qui n'étoit pas connu ;

c'eſt ſans contredit une production ſaine & délicieuſe, ou le ſuc le plus épuré de toutes les fleurs : le plus blanc, & dont l'odeur eſt la plus ſuave, eſt certainement le meilleur ; il entre dans beaucoup de productions de l'office, & ſert encore à confire des fruits ou des tourtes, mais plutôt par économie que par ſenſualité.

28°. L'*Huile d'Olives*, c'eſt le ſuc exprimé de ce petit fruit d'Italie ou de Provence, qu'on fait long-tems macérer, qu'on broie ſous une meule & qu'on porte enſuite au preſſoir pour en retirer les ſucs ; il entre dans les ſalades, & tient lieu de beurre dans toutes les provinces mé- ridionales de France, ainſi que dans une partie de l'Italie ; *l'Huile Vierge* eſt la meilleure, c'eſt celle qui ſort de deſſous la meule, lorſque les olives ſont bien écraſées ; avant

qu'elles aient été mifes au preffoir,
il faut la choifir nouvelle, fraîche,
n'ayant aucune odeur & d'un goût
de pommes.

29°. Le *Vinaigre* n'eft autre chofe
que du vin aigri par une feconde
fermentation; en normandie & dans
les pays à cidre, on en fait beaucoup avec cette forte de boiffon;
mais il ne vaut pas celui du vin, il
faut le choifir bien fort, d'une odeur
agréable, d'un goût piquant & le
plus clair poffible; le blanc eft le plus
eftimé, fur-tout, lorfqu'il eft aroma-
tifé avec la rofe, la fleur d'orange
ou l'eftragon; c'eft le plus fain de
tous les affaifonnemens, auffi eft-il
d'un ufage très-multiplié en cuifine;
il rafraîchit les humeurs, tempere le
fang, & prévient la corruption des
alimens; mais comme il maigrit, les
perfonnes fèches doivent en faire un
ufage très-modéré.

Un vinaigre délicieux pour servir sur table, est celui qui est composé avec du bon vin blanc, parfaitement aigri, dans lequel on a fait infuser de l'estragon, des feuilles de roses & quelques framboises.

30°. Le *Verjus* n'est autre chose que du raisin blanc qu'on écrase avant sa maturité, pour en exprimer le suc : on le passe au tamis ou au travers d'un linge, & on le met en bouteilles, qu'il faut bien boucher; il se conserve ainsi long-tems, & donne un goût plus agréable que le vinaigre à tous les alimens gras & maigres; il est d'un grand usage dans les cuisines délicates, tempere l'inflammation du sang, prévient la pourriture, & maigrit moins que le vinaigre.

31°. Les *Citrons, Limons, Cedras, &c;*

font des fruits différens quant à l'écorce, mais dont les fucs & les qualités font exactement les mêmes ; leur acidité eft agréable & entre dans beaucoup de mets de cuifine & de productions du confifeur & du liquorifte ; ils font excellens pour la digeftion, pour rafraîchir le fang & prévenir la corruption des humeurs : leur écorce même s'emploie très-fouvent en cuifine, mais pas auffi fréquemment que les *oranges ameres* ; elles font moins acides & plus ameres que les citrons & les autres efpeces d'oranges, mais bouillies dans des ragoûts, & fur-tout avec le poiffon, elles donnent une faveur faine & agréable, affez généralement eftimée ; on les connoît encore fous le nom de *Bigarades* : enfin, on les fert ordinairement coupées par moitié autour des jeunes perdraux rôtis, auxquels elles donnent un relief assez goûté.

CHAPITRE III.

Assaisonnemens Etrangers.

ON comprend sous ce nom tous ceux qui croissent en Asie ou en Amérique, & qui nous sont portés en Europe, tels que la canelle, le gérofle, la muscade, le poivre, &c. Ils sont d'un usage très-étendu en cuisine, & entrent même dans beaucoup d'ouvrages de l'office ; voici comment il faut les choisir.

1°. La *Canelle* est l'écorce aromatique d'un arbrisseau qui croît en Asie, il faut la choisir mince, d'un beau brun, tirant sur l'aurore, d'un odeur suave & très-embaumée, &

qui, mâchée fous les dents, ait un goût piquant un peu fucré ; cette forte eft un affaifonnement des plus eftimés & des plus agréables ; il eft utile à la digeftion, chaffe les crudités humides, & ranime l'appétit languiffant, mais il échauffe, & les gens d'un tempérament bouillant doivent en ufer avec modération.

2°. Les clous de *Gérofle*, ce font les boutons des fleurs d'un arbufte de l'île de Ceylan : ils ont un parfum excellent & une faveur recherchée pour l'affaifonnement de beaucoup de mets, mais dont on faifoit peut-être un trop grand abus autrefois : la cuifine moderne en modere beaucoup l'ufage avec raifon ; car, c'eft une production âcre, très-chaude, & qui enflame beaucoup le fang ; mais il eft plus convenable aux perfonnes froides, graffes & phlegmatiques, ou aux valétudinaires qui defirent fortifier leur eftomac trop languiffant.

3°. La *Mufcade* eft une noix d'un arbufte de l'Inde, fa coquille s'appelle le *Macis* : tous deux poffedent un parfum & une faveur très aromatiques & fuave; c'eft un affaifonnement agréable & reftaurant; lorfqu'il eft employé avec ménagement, elle fortifie l'eftomac, rétablit les forces des convalefcens, & donne beaucoup de délicateffe à quantité de mets variés; mais elle échauffe beaucoup le fang, fur-tout le macis qui eft encore plus aromatique & odorante que la noix même; c'eft pourquoi les jeunes gens & les perfonnes maigres doivent en ufer peu.

4°. Le *Poivre* eft la graine d'une plante d'Afie qui reffemble beaucoup au lierre; c'eft un affaifonnement d'un grand usage en cuisine, il entre presque par-tout & releve tous nos alimens ; il possede cependant une saveur âcre & piquante, qui le rend d'un usage dangereux à tous ceux qui ont naturellement le sang échauffé ; on évite une partie de ses dangers en se servant de la *Mignonnette* ou poivre qui n'est que concassé, ainsi que du *Poivre blanc* qui est moins âcre & moins échauffant que celui qu'on pile tout à fait.

Il faut le choisir en gros grains, d'un brun foncé, pesans & peu ridés, d'une odeur plutôt suave que piccotante, & d'un goût vif qui ne soit pas trop âcre.

5°. Le *Gingembre* est une racine de l'inde, dont la saveur est très-piquante & l'odeur très-agréable, il est stomachique, facilite la digestion & possede beaucoup de vertus pris avec modération ; il y a même de bonnes cuisines où on le préfere à la canelle, parce qu'il a un goût étranger qui est excellent ; on en fait aussi grand usage dans les ouvrages de l'office, & tout le monde sait que le gingembre confit est une production recherchée & généralement estimée ; il est cependant très-sûr que cette racine est très-échauffante, & que son usage ne peut être que nuisible à tous ceux dont le sang est trop vif.

6°. Le *Sucre* est le suc exprimé d'une espece de roseaux qui croît en Asie & en Amérique ; lorsqu'il est en maturité, on le brise, on le fait bouillir, & on en retire tous les sucs agréables qu'on fait sécher pour les convertir en pains, dont la solidité les conserve, & les rend capables d'être transportés, sans altéra-

tion, jufqu'aux extrémités de la terre :
c'eft de tous les affaifonnemens le plus
flatteur au goût & le plus fufceptible
de donner un goût agréable à tous
les alimens qui ont peu de faveur ;
on l'emploie beaucoup en pâtifferie
en entremets froids & chauds, &,
fur-tout en confitures & aux defferts,
dont l'immenfe variété forme les
plus belles décorations : c'eft un anti-
putride très-puiffant, comme le dé-
montre la faculté, qu'il a de conferver une année entiere les fruits les
plus délicats fans fe corrompre, il
favorife même la digeftion pris avec
modération, mais auffi il échauffe
beaucoup pris avec-excès, & produit
alors des ravages incendiaires dans
ceux qui en ufent fans ménagement ;
il paroît certain qu'il attaque les
dents, les carie & les fait tomber ;
les vieillards s'en trouvent bien,
mais les jeunes gens fanguins ou bi-

lieux doivent en faire peu d'usage.

Il faut le choisir bien blanc, très-dur, ayant un son clair quand on le frappe avec un marteau, & offrant de tous côtés des pointes brillantes.

Le *Sucre Candy* est beaucoup plus sain, parce qu'il est dépouillé de sa partie de chaux, mais il est si long à fondre, & d'ailleurs si cher, qu'on en fait peu d'usage.

CHAPITRE IV.

Assaisonnemens mélangés, Epiceries composées.

Epices mélangées pour les ragoûts.

PRENEZ une once de canelle fine, un demi gros de clous de gérofle, un gros de muscade, gros comme une amande de racine de gingembre, une pincée de fenouil & une pincée de coriandre.

Pilez ensemble toutes ces épiceries, tamisez - les, & serrez-les ensuite, ainsi mélangées, dans une boîte de fer blanc bien fermée.

CHAPITRE V.

Epices pour Pâtisserie.

Prenez une once de canelle, deux gros feuilles de laurier, une pincée de gingembre concassé, une pincée de basilic & de thim, une grosse pincée de coriandre, un gros de clous de gérofle & un gros de muscade.

Pilez séparément chacune de ces épiceries, passez-les au tamis, mélangez - les ensemble, & les serrez dans une boîte de fer blanc qui ferme bien, & la placez dans un lieu sec, éloigné de toutes odeurs fortes, telles que l'ail, l'oignon, &c.

On emploie aussi ce mêlange dans beaucoup de ragoûts & fines entrées, ainsi que dans plusieurs entre-mets en gras, mais il faut en modérer l'usage; car toutes ces épices, étant naturellement échauffantes & appetissantes, excitent vivement l'appétit, font manger avec excès & portent le feu dans le sang.

CHAPITRE VI.

Fines Epices pour les Entrées.

PRENEZ demie once de canelle, un gros de muscade, autant de gérofle, deux gros de coriandre, quelques feuilles de laurier; pilez-les, tamisez-les, & vous les mélangerez ensuite

avec des champignons, truffes, morilles & mousserons séchés lentement
dans un four, de maniere à pouvoir
les réduire en poudre.

Faites un parfait mélange de toutes
ces poudres, & serrez-les dans une
boîte bien fermée, tenue dans un
lieu bien sec.

Epices pour le Boudin, Saucisses & Cochonaille.

Prenez demie once de coriandre,
un gros de graine d'anis, un gros
de gérofle, un gros de basilic, & un
demi gros de sauge; mettez le tout
en poudre, tamisez-le, & le mélangez aux boudins, saucisses, andouilles, porc frais, &c. &c. &c.

Cela leur donne un goût agréable.

CHAPITRE VII.

Essence d'ail.

Dans les cuisines délicates où l'on ne veut pas employer l'ail en nature, on se contente d'en avoir le goût le plus leger, en en retirant la quintessence. Voici comment.

Choisissez cinq ou six belles gousses d'ail, piquez un clou de gérofle dans chacune, ajoutez-y deux feuilles de laurier, & gros comme une amande de sucre ; faites bouillir le tout dans une bouteille de bon vin blanc (celui de Champagne est le meilleur), jusqu'à ce qu'il soit à peu près réduit à moitié ; ayez soin de le bien écumer, & vous le tirerez ensuite au clair, en le filtrant dans un entonnoir au fond duquel on aura placé du coton un peu serré, de sorte que l'essence ne distile que goutte à goutte ; mettez-la en bouteille, & les bouchez bien.

Cette essence se conserve en Italie & en Provence au-delà d'un an, lorsque le vin qu'on y a employé est bon : elle fait merveilleusement dans le poisson, les viandes glacées ou rôties & dans les entrées : mais il n'en faut que cinq à six gouttes ; car il faut qu'on en cherche le goût sans qu'on puisse le deviner, & que ceux mêmes qui ont de l'aversion pour l'ail, ne puissent pas le soupçonner.

C'est la maniere la plus saine d'en faire usage, la plus agréable au goût, & la moins échauffante, prise avec modération.

CHAPITRE VIII.

Saumure pour confire Pois verds, Aricots, Concombres & Légumes, & les conserver verds toute l'année.

PRENEZ deux livres de sel gris, dix feuilles de laurier, deux gros de coriandre , un gros de macis; une poignée de basilic ou d'estragon, avec un peu de gingembre; faites bouillir le tout dans quinze pintes d'eau durant une demi-heure ; ayez soin de bien écumer ; ôtez le chaudron du feu , & le laissez bien refroidir.

Passez votre saumure au travers d'un torchon de lessive, & vous en remplirez vos petites cruches à moitié, afin d'y laisser la place de mettre dans l'une des petits pois , dans l'autre des aricots verds, &c.

Tout le monde fait qu'avant de les confire dans cette faumure, il faut les faire blanchir deux bouillons dans de l'eau bouillante, pour les attendrir, leur ouvrir les porres, & les difpofer à fe bien pénétrer de l'eau-fel; lorfqu'ils font parfaitement féchés à l'ombre, on les place dans cette faumure, en obfervant qu'elle couvre exactement tous les légumes, fans quoi la fuperficie feroit bientôt moifie.

Je fuis convaincu qu'on peut confire toutes fortes de légumes dans cette faumure, & les y conferver exactement verds. Lorfqu'on veut les fortir pour les manger, on les deffale en les faifant tremper toute la nuit dans de l'eau fraîche; le matin on les exprime, & on les accomode à l'ordinaire.

CHAPITRE IX.

Des Farces en général.

PRENEZ un morceau de tranche de veau, faites-le blanchir en casserole, coupez ensuite par petits morceaux du lard & de la graisse de bœuf; séparez-en les peaux, les nerfs & les filamens, hachez bien le tout ensemble, en y ajoutant sel, poivre, muscade, échalotte & persil, avec une mie de pain trempée dans du bouillon; liez le tout avec trois jaunes d'œufs, & formez en une farce dont vous garnirez l'intérieur d'une poitrine de veau où de toute autre pièce de boucherie.

Si elle est trop épaisse, on peut la délayer avec du bouillon ou de la crème douce, en observant de ne pas

trop remplir les pieces farcies , parce
que la chaleur fait beaucoup gonfler
toutes les farces , & feroit crever les
peaux qui la contiennent.

Si on veut rendre sa farce rafraîchiffante, on peut y mêler de l'ofeille,
épinards , laitues ou autres herbes lé-
gumieres.

CHAPITRE X.

Farce pour Volailles.

HACHEZ & pilez très-fine de la
chair de volaille cuite ou crue (les
reftes d'un chapon, poularde , din-
donneau , &c. font excellens) ; ajoutez-y de la graiffe de veau avec du
petit lard , également pilé & mêlé
au blanc de volaille ; affaifonnez-là
avec fel, poivre, épices mélangées &
mie de pain trempée dans de la

crême : liez le tout avec des jaunes d'œufs, & farcissez-en l'intérieur de vos poulardes & autres volailles, en ne les remplissant pas trop.

Cette même farce sera plus délicate encore, si on la délaie avec une crême composée de bon beurre fondu, avec jambon, champignons & morilles, le tout haché, pilé & délayé dans un peu de bonne crême douce, jusqu'à consistance convenable ; faites-la bouillir un quart-d'heure pour la lier, & employez-la à tout ce que vous aurez à farcir.

CHAPITRE XI.

Farce pour le Gibier.

Hachez & pilez de la moëlle de bœuf avec un peu de petit lard, sortez les foies de votre gibier, pilez-les avec la moëlle, mêlez-y un peu de sel, fines épices, & liez-la avec des jaunes d'œufs & un peu de crême : si elle est trop claire, il faut la faire bouillir un quart-d'heure en casserole, en la remuant toujours afin qu'elle ne se brûle pas.

Elle est fine & délicate, & peut également servir pour farcir beaucoup de mêts délicats, ainsi que des hors d'œuvres en gras : elle fait très-bien pour garnir des lapins roulés, des levraux & autres especes de gibier ; mais il ne faut y mettre que peu d'épices : elle est enfin nourrissante, délicate & saine, & est généralement estimée par tous les amateurs des morceaux délicats.

CHAPITRE XII.

Farce commune au Gratin.

FAITES tremper dans de bon lait
la mie d'un petit pain, écrasez-la &
mêlez-y de la graisse blanche ou du
lard pilé avec sel, poivre, perfil, ciboule & autres fines herbes; liez le
tout avec trois jaunes d'œufs, & l'employez à tels ouvrages qu'il vous
plaira.

Si l'on a des foies ou des blancs
de volailles qu'on veuille y ajouter
après les avoir pilés, la farce en fera
plus délicate. Il y a des Cuifiniers qui
font cuire & riffoler les boulettes de
farce au gratin, avant de les employer : il eft fûr qu'elles en ont plus
de goût; mais elles fe deffechent fouvent, & prennent d'ailleurs un goût
d'âcreté

d'âcreté qui les rend très-échauffantes ;
au lieu qu'en l'employant tout de
suite dans les viandes qu'on veut
farcir : la farce se cuit en même tems
que la viande, & se nourrissant de
son suc, en devient plus délicate &
plus restaurante.

CHAPITRE XIII.

Farce aux Ecrevisses.

Choisissez cinquante belles écrevisses, faites-les cuire à l'ordinaire
un quart-d'heure dans l'eau bouillante ; étant froides, dépouillez-les
de leurs écailles, & séparez-en toutes
les chairs ; ayez ensuite une demie-
livre de viandes blanches, telles que
veau, agneau, blancs de volailles, &c.
coupez-la par morceaux (après l'avoir
fait blanchir si elle est crue), & pilez-

la avec toutes les queues & chairs
d'écreviſſes & aſſaiſonnemens ordinaires ; ajoutez-y un peu de beurre
frais , & liez le tout avec quatre jaunes d'œufs , pour l'employer enſuite
dans l'intérieur des pieces que l'on
veut garnir.

Cette ſauce eſt eſtimée avec raiſon ; car elle eſt à la fois délicate &
ſaine : mais il faut y ménager les aſſaiſonnemens. On fait encore beaucoup d'autres eſpeces de farces en
gras & maigre , dont les combinaiſons & les noms varient à l'infini :
c'eſt au goût & au choix des amateurs à les imaginer.

CHAPITRE XIV.

Salpicons crus & cuits.

C'est un mélange de viande coupées par morceaux, deftiné à la garniture de tout ce qu'on peut fervir en entrées : il fe varie au gré des amateurs. Voici la compofition d'un falpicon cru & d'un falpicon cuit, qui font généralement goûtés.

Le *Salpicon cuit* fe fait avec une livre de tranche de veau qu'on fait blanchir & couper en dez, crêtes & blancs d'une volaille, jambon ou petit lard coupés en dez, des champignons ou morilles hachés, & un peu de beurre frais ; le tout affaifonné de fel, poivre & mufcade avec modération ; mouillez le tout avec du jus ou de bon bouillon : on peut,

Q ij

au goût des amateurs, y marier des foies gras, des filets de bœufs, truffes, ris de veau, cornichons, &c. en coupant également le tout en petits dez : on les fait bouillir à petit feu dans une casserole, pour s'y dessécher & alier de maniere à pouvoir faire une garniture solide, & garnissez-en vos entrées en le rangeant autour des viandes.

C'est un moyen d'accompagnement qui est un peu coûteux à le bien faire, mais qui est véritablement succulent & délicat.

Le *Salpicon cru* se compose avec du veau, bœuf, truffes, ris de veau, foies de volailles, jambon & cornichons ; le tout cru, coupé par petits morceaux, & assaisonné de sel, poivre, basilic & persil ; liez avec trois jaunes d'œufs, & employez-le à remplir les viandes dures que vous avez à garnir, en observant de ne pas trop les remplir , parce que le falpicon gonfle beaucoup dans l'intérieur des pieces , & les feroit crever fi elles en étoient trop remplies.

Le falpicon cuit eft plus agréable & plus fain que le cru ; ce dernier ne recevant jamais qu'une coction imparfaite , eft pour l'ordinaire pefant , peu délicat & d'une digeftion laborieufe,

CHAPITRE XV.

Garniture des Soupes à l'Allemande.

PRENEZ une livre de tranche de veau , du petit lard , culs d'artichauds , fel , poivre & mufcade ; pilez le tout très-fin , ajoutez-y une mie de pain trempée dans du bouillon ; formez-en des boulettes , que vous envelopperez avec de la crêpine d'agneau chauffée à l'eau chaude ; roulez-les dans une pincée de fleur de farine, & les faites cuire dans votre bouillon ; elles donneront au potage un goût agréable, & serviront à garnir le tour de votre soupiere. Pour qu'elles réunissent l'agrément & la délicatesse, il faut que chaque boulette ne soit pas plus grosse qu'une petite noix, afin qu'elles puissent se manger d'un seul morceau sans les briser avec la cuiller.

Cette garniture de soupe est saine, agréable & restaurante : aussi, chez les grands Seigneurs d'Allemagne, en fait-on très-souvent usage.

CHAPITRE XVI.

Garniture de Bouilli.

LE bœuf bouilli peut se garnir de vingt manieres différentes : les uns servent au-dessous un bon jus de veau bien consommé ; d'autres deux verres de bouillon réduits à un ; quelques-uns se contentent de l'asseoir sur un lit de persil, qui le borde tout-autour ; d'autres enfin, plus délicats, préferent le marier à différens objets, en lui donnant des garnitures plus ou moins recherchées.

En voici une très-appétissante :

Coupez en dez deux tranches de jambon, quelque champignons, morilles & culs d'artichauds, le tout haché plus ou moins ; assaisonnez de sel, poivre, muscade, & une cuil-

lerée de moutarde; faites cuire dans
un peu de graisse blanche une heure
en casserole; nourrissez-le d'un jus
de bœuf ou d'un verre de blond de
veau de santé; le tout de belle couleur; garnissez-en le fond du plat sur
lequel vous servirez votre bouilli,
ayant soin de le faire chauffer auparavant, afin que la garniture ne s'y
fige pas avant d'être servie.

Cette garniture peut se varier à
l'infini au goût de l'amateur & des
artistes intelligens: mais on n'y réussit jamais bien, qu'autant qu'on fait
choix des objets qu'on y emploie, &
que les mélanges n'en sont pas trop
compliqués.

CHAPITRE XVII.

Garnitures d'Entrées.

ELLES sont également susceptibles d'une multitude de combinaisons plus ou moins riches & estimées : en voici une qui est assez généralement recherchée.

Faites blanchir un morceau de rouelle de veau, une petite tranche de jambon haché ou coupé en dez, à défaut de petit lard gras & maigre; faites revenir le tout en casserole dans du beurre fondu , deux cuillerées d'huile d'olive, sel , poivre , persil & basilic ou estragon , avec une tranche de citron : lorsque le veau & le jambon ont pris une jolie couleur, & ont rendu leur jus , vous pouvez employer cette seule garniture à tou-

Q v

tes fortes d'entrées, foit de boucherie, de volailles ou de gibier: il ne faut feulement que les varier un peu, afin que dans un même repas on ne retrouve pas par-tout la même chofe.

Si c'eft pour volaille, on y ajoutera du blond de veau ; fi c'eft pour du gibier, on y joindra un verre de vin blanc, qu'on y fera bouillir ; fi c'eft pour viandes de boucherie, on peut y ajouter quelques gouttes d'effence d'ail, ou fimplement deux gouffes d'ail entieres ; enfin, on peut marier cette même garniture avec toutes fortes de mêts, & y ajouter à fon gré les objets que l'on aime le plus.

Elle eft en général affez faine, lorfqu'on a l'attention d'y mettre peu de jambon & peu d'épiceries ; car ce font ces deux objets qui la rendent âcre & échauffante.

LIVRE VII.

L'Art de conserver des Viandes,
des Volailles & des Légumes
frais toute l'année.

CHAPITRE PREMIER.

Principes conservateurs.

C'EST avec le secours des substances saines & incorruptibles qu'on parvient à conserver, sans altération, les productions alimentaires, sujettes à se putréfier ou à se corrompre : le sucre, le sel, le poivre, les aromates, les graisses, la cire, le son, le vin, le vinaigre, l'eau-de-vie, tous les liquides spiritueux, les

Q vj

huiles & l'eau même, sont les objets les plus propres à produire ces heureux effets, & prolonger la jouissance de toutes nos productions alimentaires, jusques dans les saisons tardives & stériles, où l'on ne possede que peu de ressources.

Quoique les secours les plus ingénieux d'une physique sage, bien calculée & confirmée par des expériences réitérées, ne puissent jamais empêcher que nos alimens les mieux conservés ne perdent quelque chose de leurs sucs, il est certain qu'on peut, en y donnant quelques soins, les diriger de maniere à ne perdre que très-peu de leur premiere fraîcheur, sur-tout lorsqu'ils n'ont pas été gardés un tems trop considérable.

Je vais commencer par détailler les moyens de conserver toutes sortes de viandes dans les climats même les plus brûlans de l'Europe, & je finirai par donner les procédés nécessaires à la faine conservation des légumes.

Quant à l'administration d'un fruitier pour conferver toute l'année les fruits dans leur état naturel; c'eft le fujet d'un petit ouvrage particulier que je publierai incessamment.

CHAPITRE II.

Du Bœuf, Veau & Mouton.

DANS les villages, châteaux ou maifons des campagnes, où l'on n'eft pas à portée d'avoir tous les jours de la viande nouvellement tuée, il y a un moyen bien fimple de la conferver une femaine entiere dans toute fa fraîcheur, fans jamais craindre qu'elle fe corrompe. En voici le procédé.

Choisissez vingt-cinq ou trente livres de bœuf, veau, mouton fraîchement tués, la quantité qu'on en consomme dans la semaine ; divisez-là en autant de morceaux que vous voulez avoir de pots-au-feu ; égrugez du sel, environ deux livres, ajoutez-y deux onces de poivre en poudre, & une once de gingembre ; saupoudrez-en des deux côtés toutes vos pieces de boucherie, sans en mettre avec excès ; c'est-à-dire que deux livres de sel & deux onces de poivre, doivent suffire pour trente ou quarante livres de viande.

Ayez un grand torchon neuf, dont la toile soit bien serrée, de maniere qu'aucune mouche ne puisse y entrer ; faites-en un sac dont les coutures soient solides & à points serrés ; ajoutez-y à la gorge un cordon qui puisse le lier très-exactement.

Prenez ensuite un autre torchon

blanc, trempez-le un quart-d'heure
dans de bon vinaigre bien fort ; lorfqu'il fera bien imbibé, fortez-le du
vinaigre, & enveloppez vos viandes
tandis qu'il eft encore tout mouillé ;
rangez vos pièces de bœuf, veau &
mouton les unes fur les autres, de
forte qu'il y ait le moins d'intervalles
vuides que vous pourrez entre chaque
piece ; fermez votre torchon, & le
liez avec une ficelle moyenne, de
maniere à faire fortir l'air qui pourroit avoir refté entre les morceaux de
viande ; plus elle s'y trouve ferrée, &
moins elle y perd fa fraîcheur.

Placez alors ce paquet dans le torchon de toile neuve coufu en forme
de fac, & fermez-en la bouche en la
liant exactement avec un bout de
corde.

Portez ce fac dans une cave fraîche, & enterrez le dans un trou, en
le recouvrant de maniere qu'il y ait

six pouces de sable ou de terre au-dessus du sac : cette derniere précaution
n'eft pas toujours néceffaire ; car j'ai
confervé de la viande pendant plus de
quinze jours dans toute fa fraîcheur,
en mettant tout fimplement le fac au
fond d'une cuve de bois, placée dans
un coin de ma cave : mais lorfqu'on
a intention de garder des viandes un
mois entier, il eft plus prudent &
plus certain d'enterrer le fac dans de
la terre fraîche.

Toutes les fois qu'on ira chercher
un morceau de viande, on évitera
de les manier avec la main, dont la
chaleur altere les morceaux qui ref-
tent, mais avec un couteau : on prendra la piece dont on aura befoin, &
on refermera & relira promptement
le torchon vinaigré, ayant feulement
attention d'y jetter deux fois la femaine quelques gouttes de vinaigre
avec le bout du doigt pour lui conferver fa fraîcheur.

Avant de mettre dans la marmite la viande qu'on aura sortie du sac, il faut la faire tremper cinq minutes dans de l'eau tiede, la laver un instant, pour lui faire perdre le trop de sel qu'elle peut avoir, & la faire ensuite bouillir à l'ordinaire : on sera étonné combien elle sera tendre & succulente, & combien elle aura conservé sa fraîcheur, & toute la bonté de son suc.

Si c'est une piece qu'on veuille faire rôtir, il ne faut que la laver un instant dans de l'eau froide, la bien essuyer & la mettre à la broche, ayant soin de l'arroser avec un peu de graisse blanche ou de beurre fondu ; mais la graisse vaut beaucoup mieux.

Je me rappelle avoir oublié un morceau de veau près de six semaines dans mon sac, & à mon retour à ma campagne, je le trouvai si frais & si sain, que je le fis mettre à la broche, après l'avoir lardé de gros lard, & je puis dire que je n'ai jamais mangé un morceau de rôti plus excellent & plus délicat.

On observera seulement de bien laver le torchon vinaigré chaque fois qu'on aura vuidé sa viande, & de le faire tremper deux heures à l'eau froide, avant de le faire sécher & vinaigrer de nouveau pour y remettre d'autres pieces de boucherie ; & de cette maniere, on sera assuré dans les châteaux & campagnes les plus éloignées, de manger dans les plus fortes chaleurs, des viandes tendres, bien mortifiées, qui jamais n'auront cette fadeur fétide & suspecte, qui annonce un commencement de putréfaction dégoûtante & dangereuse.

Cette maniere d'attendrir les viandes les plus dures, est d'ailleurs très-saine & très-agréable ; elle prévient avec certitude tous les principes qui tendent à fa putréfaction : nul ver , nulle mouche , nul autre infecte n'ofent en approcher pour y dépofer leurs ordures ; l'air même n'y pénétrant prefque point , ne peut en defsécher les fucs ni en altérer la fubftance ; enfin , le vinaigre l'entretient fraîche , faine , tandis que le fel , par fa qualité piccotante , la pénetre , l'attendrit , & métamorphofe fouvent une piece dure , compacte & dégoûtante , dans fa premiere fraîcheur , en un rôti tendre , fucculent & délicieux , quelquefois même plus délicat que les pieces de rôt des Traiteurs d'une ville.

CHAPITRE III.

Dindons , Poulardes , Chapons , &
Poulets conservés frais toute la se-
maine.

TELLE piece de volaille qu'on desire bien attendrir , & pouvoir la garder plus de huit jours sans qu'elle se
gâte , il faut d'abord qu'elle est sai-
gnée, la faire plumer & pendre au
crochet jusqu'au lendemain ; vuidez-
la ; troussez-là prête à servir , & la
flambez deux minutes ; ayez du sel
égrugé, dans lequel vous mêlerez un
peu de poivre , & saupoudrez légerement vos volailles avec ce mélange ;
ayez ensuite une vieille serviette blanche de lessive , trempez-la dans de la
bonne huile d'olives ; & après en
avoir exprimé tout ce qui en décou-

lera naturellement, enveloppez y vos
volailles, fans trop les comprimer,
mais cependant de maniere que la
ferviette huilée touche de tous côtés
votre volaille, & qu'il fe trouve le
moins de vuide poffible entre vos
viandes & votre linge.

Portez alors vos volailles enpaque-
tées dans une cave fraîche, & les
mettez tout fimplement dans une
cruche de grès non verniffée.

Avec cette feule précaution, vous
conferverez des volailles toutes prêtes
à mettre à la broche ou en ragoût,
plus de huit jours fans altération, &
vous aurez la certitude de les manger toujours tendres & jamais hafar-
dées : cette méthode eft non-feulement très-faine, mais elle offre de
plus l'agrément à la campagne, d'a-
voir en tout tems de quoi faire un
joli dîner fur le champ, quand même
il furviendroit dix perfonnes à midi.

qu'on n'auroit pas attendues ; de forte
que fans embarras ni dépenfe extraor-
dinaire , on auroit dans une heure de
tems , potage , bouilli , entrées &
rôti , avec la même aifance que fi
c'était l'ordinaire de tous les jours.

Enfin , quoiqu'on puiffe également
conferver des volailles , en fuivant
le procédé du bœuf , veau & mouton , l'expérience m'a prouvé que les
volailles contractent un goût étranger , qui n'eft pas agréable , lorfqu'on
les enveloppe dans un torchon mouillé
de vinaigre , tandis qu'elles ont une
faveur plus fine & plus délicate lorfqu'elles ont été enfermées dans un
linge imbibé de bonne huile : d'ailleurs , cette méthode , connue en
Italie & en Sicile , eft fans contredit
très-faine , & prévient tous les germes poffibles de putréfaction qui peuvent attaquer les viandes , & fur-tout
la volaille.

CHAPITRE IV.

Levrauts, Lapins, Perdreaux, &c.

CHOISISSEZ-les frais, nouvellement tués; dépouillez vos levrauts ou lapins, vuidez-les, faites-les flamber deux minuttes, & sur le champ, préparez-les de la même maniere que vos volailles : les perdreaux & toutes autres especes de même gibier se conservent ainsi parfaitement huit jours frais, & souvent au-delà.

On observera seulement, si on veut les sortir du linge pour les accommoder en entrée, de les saler très-peu, parce que le sel qu'ils ont bu auparavant, leur est quelquefois suffisant, sans qu'il soit nécessaire de les épicer davantage. Lisez le chapitre suivant.

CHAPITRE V.

Sangliers , Daims , Chevreuils , &c.

LE meilleur moyen de conserver plus de quinze jours, dans sa premiere bonté, un quartier de sanglier, de daïm ou de chevreuil, c'est de l'envelopper de plantes aromatiques & de parfums alimentaires : la sauge, le thim , le romarin & le serpolet, sont celles qu'on doit préférer avec d'autant plus de raison , qu'elles conservent aux pieces de venaison ce goût sauvage qui contribue à sa délicatesse ; & le distingue de tout autre gibier.

Il faut prendre la feuille des plantes que je viens de nommer , avec toutes leurs tiges, en faire des bouquets,

quets , & les suspendre à l'ombre
dans un grenier , pour y sécher lentement.

Un mois après qu'elles auront été
pendues , on pourra commencer à en
faire usage : on ne prend que les feuilles , qu'on réduit grossierement en
poudre , & qu'on mêle toutes ensemble ; on y ajoute une poignée de
sel pilé , & une demi-once de poivre.
Prenez alors vos quartiers de sanglier
ou de chevreuil , & saupoudrez-les
exactement par-tout avec ces plantes
pulvérisées ; portez-les ensuite dans
une cave fraîche & un peu aërée ; placez vos pieces sur une table qui doit
être en pente , afin que les eaux de la
venaison se dégorgent & coulent sans
y séjourner.

On en coupera chaque jour ce qu'on
destinera à sa consommation ; & si
l'on s'apperçoit que quelqu'endroit
commence à blanchir ou à moisir ,

on y mettra une pincée des mêmes plantes pulvérifées, mêlées avec un peu de fel.

J'ai employé ce même procédé fur des canards, des oies, des lievres & des lapins domeftiques, & j'ai vu avec fatisfaction, qu'ils s'étoient parfaitement bien confervés plus de huit jours dans les plus fortes chaleurs du mois d'août : ils ont eu de plus l'agrément d'avoir exactement le fumet fauvage des viandes noires ; fur-tout le lapin, qui, mortifié de cette maniere, eft délicieux.

Le *Cochon* peut auffi fe conferver frais plus de huit jours de cette maniere : mais il faut l'embaumer à part, car il eft fujet à donner un goût aux pieces de venaifon, & à en recevoir un fumet qui ne lui eft pas agréable.

Enfin, la tranche de *Bœuf*, embaumée huit jours de la forte, prend exactement le goût, l'œil & le fumet des pieces de venaifon, au point que les connoiffeurs les plus délicats y font fouvent trompés, & le trouvent excellent.

Il n'y a pas lieu de douter que cette méthode d'embaumer les groffes vian-des, ufitée avec fuccès à Venife & à Naples, ne foit vraiment falutaire, puifque les plantes qu'on y emploie, entrent journellemeut dans la prépa-ration de nos alimens : j'en ai feule-ment retranché le *calamus aromati-cus*, racine violente & fufpecte, dont les effets ne font pas affez connus pour ofer hafarder de la mélanger dans nos viandes.

CHAPITRE VI.

Canards, Poules & Pigeons.

LES *Canards & Pigeons* exactement
préparés avec les cinq especes de plantes du précédent chapitre, sel & poivre, se conservent parfaitement plus
de huit jours : il faut les flamber
avant de les embaumer, les bien frot-
ter & couvrir par-tout des plantes
pulvérisées, puis les porter à la cave,
& les y pendre sans les couvrir,
étant nécessaire que l'air les environne
pour en sécher l'humidité superflue.

A l'égard des poules, il faut suivre
la méthode du chapitre III, qui est
également bonne pour toute sorte de
menu gibier, tels que faisans, perdraux, cailles, ortolans, alouettes, &c.

CHAPITRE VII.

Bœuf salé , conservé frais toute l'année.

Dans les provinces où le bœuf est abondant & à bon marché dans certaines faisons, on peut en faire une provision conséquente, & le conserver bon toute l'année : c'est une ressource excellente pour les maisons où il y a beaucoup de Domestiques ou gens de journée à nourrir, & l'on peut, à la campagne, les faire vivre copieusement avec peu de dépense.

Il faut avoir une cuve capable de contenir trois ou quatre cens livres de viande : celles de bois de chêne font les meilleures ; elles résistent le mieux aux impressions du sel ; & lorsqu'elles ont pris un goût déplaisant, un coup de doloire dans tout l'intérieur, suffit pour les rendre neuves. Au bas de la cuve, on fera un trou d'un pouce d'ouverture, qu'on bouchera hermétiquement.

On commencera par laver tout le dedans de la cuve avec de bon vinaigre blanc ou rouge, & lorsqu'elle sera bien seche, on pourra commencer à disposer ses viandes pour les y placer.

La méthode la plus sûre de préparer les pieces de bœuf, c'est de les couper toutes par petits morceaux de deux ou trois livres, le lendemain qu'il a été tué ; il faut en séparer les peaux, les tendons & tous les gros nerfs, qui ne valent rien à manger, & ne laisser à chaque morceau que peu de graisse, attendu que le gras de bœuf se conserve moins bien que le maigre, & garde toujours un goût désagréable, qu'il communique par fois au reste des viandes.

Pour saler deux cents livres de

bœuf, il faut égruger douze livres de
fel gris, les mêler avec un quarteron
de poivre en poudre, un quarteron
de gingembre pulvérifé, & deux livres de criftal minéral groffierement
pilé ; faupoudrez chaque morceau de
bœuf avec ces épices de tous les côtés, mais cependant avec affez de
modération pour que la quantité ci-
deffus puiffe fuffire aux deux cents livres de viande.

A mefure que vous avez falé chaque
morceau, rangez-le au fond de la
cuve, placez toutes vos pieces le plus
près qu'il fe pourra, de forte qu'il y
ait entr'elles le moins de vuide poffible : il faut entre chaque piece,
placer une ou deux feuilles du laurier
qu'on emploie dans les ragoûts ; cela
donne au bœuf un goût agréable &
fain, qui corrige l'acide du fel marin ;
continuez à ranger vos morceaux lit
par lit, jufqu'à ce que la totalité foit

placée, & qu'il reste encore six pouces d'espace vuide entre les viandes &
le bord de la cuve de chêne.

Faites alors bouillir dans un grand
chaudron dix livres de sel & quatre
onces de poivre, dans quarante ou
quarante-cinq pintes d'eau; ajoutez-
y quelques morceaux de gingembre,
& laissez bouillir le tout une bonne
heure, ayant soin de le bien écumer;
quand l'eau-sel ne rendra plus d'écume, il faut la passer au travers d'un
torchon blanc, la laisser réfroidir,
& la verser sur vos viandes, de sorte
que l'eau-sel surnage un peu au-dessus
des pieces de bœuf; un pouce est plus
que suffisant.

Couvrez la cuve avec un couvercle
de chêne, qui la ferme le plus juste
possible, & laissez vos viandes s'y pénétrer de saumure pendant cinq ou
six semaines; au bout de ce tems,
elle sera aussi rouge que du vermil-

lon, & parfaitement tendre : lorfqu'on en voudra manger, il faudra
lui faire dégorger fon fel une demi-
heure dans de l'eau chaude ; l'y laver,
& la mettre au pot. Les habitans de
la campagne préferent ce bœuf à la
viande tuée de frais, parce qu'il a plus
de goût, & leur fait une foupe piquante avec des choux ou d'autres légumes.

Si au bout de deux ou trois mois,
on s'apperçoit que la faumure & la
viande contractent une odeur fétide
ou défagréable, il faut, avec dix livres de fel, poivre & gingembre,
faire une feconde faumure dans trente
pintes d'eau, & après une heure de
bouillonnement, la paffer & laiffer
refroidir : on ouvre alors le trou qui
eft au bas de la cuve, & on laiffe
écouler toute l'eau-fel qui tend à s'y
corrompre ; quand elle eft entierement
écoulée, on y verfe la nouvelle fau-

mure fur le bœuf falé, & on le recouvre comme auparavant : en obfervant de la changer ainſi tous les
deux ou trois mois, on parvient à
conferver le bœuf au-delà d'un an.

Ce renouvellement de faumure
n'eſt jamais difpendieux, parce qu'en
faifant rebouillir la vieille eau-fel
qu'on a faite écouler, jufqu'à l'entiere évaporation de l'eau, on retrouve au fond du chaudron fept à
huit livres de beau fel blanc, qui
peut reffervir encore : il n'y a donc
de perte réelle, que deux ou trois
livres de fel, & quatre onces de
poivre & de gingembre.

J'ai connu de bonnes maifons en
Provence, & des châteanx bien ren-
tés, où les maîtres mangeoient par
fantaifie un morceau de bœuf falé :
mais comme c'eſt un aliment grof-
fier, qui perd beaucoup de fa falu
brité dans cette faumure, je ne çon-

feillerois cette nourriture qu'à des travailleurs champêtres, dont les estomacs robustes digerent tout facilement.

Un morceau de bœuf falé, de deux livres, cuit au four avec une livre de riz, & fix pintes d'eau, va donner de quoi dîner copieufement à douze Laboureurs ou Domestiques. On fent, par conféquent, que c'est une reffource très-économique, puifque ce n'est qu'environ qu'un fol par perfonne.

___

CHAPITRE VIII.

Cuiffes d'Oie & de Dinde confervées fraîches trois mois.

LES oies de la Guienne & de la Normandie, font ordinairement nourries dans de fi bons pâturages, qu'elles font groffes, graffes & prodigieufement fournies en chair. Lorfqu'on veut les confire à la fin de l'automne, afin d'en manger tout l'hiver, il faut choifir les oies & dindes les plus graffes, les préparer à l'ordinaire, & les couper en quatre quartiers, pour les ranger dans un grand chaudron, piece à piece, de maniere à laiffer très-peu de vuide entre chaque quartier; verfez deffus affez d'eau pour qu'elle furnage d'un doigt au-deffus, & couvrez bien votre chaudron fans le faler.

Faites deffous un feu clair & doux, qui cuife vos oies lentement fans les brûler: il doit bouillir également de tous les côtés, fans qu'il s'éleve de gros bouillons nulle part. Lorfque vos quartiers d'oie ou de dinde auront bouilli trois ou quatre heures de la forte, ôtez le chaudron du feu, & le laiffez refroidir à la cave jufqu'au lendemain.

Préparez en attendant de grands pots de terre verniffés en dedans, en les faifant laver dans de l'eau bouillante, & les frottant enfuite avec un peu de bon vinaigre, & les effuyant bien.

Le lendemain, retirez votre chaudron de la cave, & vous trouverez au-deffus environ deux pouces d'épaiffeur de belle graiffe blanche figée au-deffus des volailles : enlevez la promptement dans une terrine à part, obfervant de ne pas y mêler de la gelée d'oie qui fe trouve au-deffous.

Remettez le chaudron fur le feu pendant cinq minutes ou le tems néceffaire pour pouvoir en fortir vos quartiers de volailles fans qu'ils foient remplis de gelée (lorfqu'elle fera fondue) ; ôtez le chaudron du feu, & fortez - en piece à piece vos oies, dindes, &c. rangez - les à mefure fur des torchons blancs de leffive,

qui recevront votre gelée sans qu'elle
s'y perde ; prenez alors vos quartiers
d'oie l'un après l'autre , & séparez-en
promptement les cuisses toutes seûles ;
car pour les ossemens des carcasses ,
le foie , &c. ils ne se conservent jamais bien.

Essuyez chaque cuisse d'oie avec
un linge blanc , pour en ôter le peu
de gelée qui peut y être resté , après
quoi vous les rangerez dans vos pots
de terre les unes sur les autres , sans
trop les presser : il faut même avoir
l'attention de laisser quelques vuides
entr'elles , afin que la graisse puisse
les remplir & les séparer : en général ,
le mieux est de ne mettre que dix
ou douze cuisses dans chaque pot.

Faites ensuite fondre dans un poêlon , sur un feu très-doux , toute la
graisse blanche que vous avez tirée de
vos oies ; & lorsque vous aurez fini
de ranger toutes vos cuisses d'oies

dans vos pots, en y laiſſant deux pouces de vuide entr'elles & le bord des
pots ; vous verſerez doucement ſur
chacun votre graiſſe d'oie fondue ,
faiſant enſorte qu'elle coule juſqu'au
fond du vaſe , & rempliſſe parfaitement tous les intervalles vuides qui
ſe trouvent entre vos cuiſſes ; continuez à en verſer ſur chaque pot , juſqu'à ce qu'il y en ait un bon travers
de doigt au-deſſus de vos pieces de
volaille ; laiſſez-les ſe figer à l'ombre ;
recouvrez enfin chaque pot d'une
grande feuille de gros papier plié en
quatre , & attaché autour du pot avec
un bout de ficelle neuve.

On peut être aſſuré , de cette maniere , de conſerver trois ou quatre
mois des cuiſſes d'oies fraîches dans
leur graiſſe , ſans la plus petite altération , & d'en manger tout l'hiver
d'auſſi ſucculentes que celles qu'on
poſſede en automne : il ſuffit pour

cela, de les placé dans une dépenfe qui ne foit pas humide, ni expofée à de mauvaifes odeurs. Lorfqu'on voudra s'en fervir, on découvrira un pot, & avec une cuiller on percera la graiffe blanche, & on en fortira une ou deux cuiffes, avec un peu de la même graiffe, pour les faire blanchir; & avant de fermer le pot, on obfervera de recouvrir les autres pieces d'oie avec la graiffe dont on les a découverte, & de n'y jamais toucher avec les doigts.

On les accomode rôties, en ragoût, en papillotes, ou avec des légumes, & c'eft un excellent manger.

Quant aux carcaffes des oies & dindes, il faut les confommer dans le ménage, & fi on en a une quantité confidérable, les faler & poivrer légerement pour les conferver quinze jours.

La gelée qu'on a trouvée au fond

du chaudron , bouillie avec autant
d'eau, doit donner des bouillons fucculens pour tremper la foupe ; mais
ils ont le défaut d'être un peu pefans
aux perfonnes qui font délicates.

CHAPITRE IX.

Du Cochon falé.

LE *Petit-falé* , ou la chair graffe &
maigre du cochon , eft une des meilleures provifions de ménage qu'on
puiffe faire dans une maifon bien four-
nie ; & lorfqu'on fe la procure dans
l'arriere faifon , où les cochons fe
tuent , elle revient à bon compte,
& donne beaucoup de jouiffance &
d'économie , fur tout à la campagne.
Voici la meilleure maniere de les
faler en Provence.

Choififfez de beaux filets de co-

chon qui foient entrelardés, à défaut, les pieces les plus charnues,
pourvu qu'elles foient toujours recou-
vertes d'un peu de graiffe : fur cinquante livres de porc frais, il faut
faire piler deux livres de fel & une
demi-livre de criftal minéral, avec
deux onces de gingembre en poudre,
le tout bien pulvérifé ; mélangez-le,
& ayant coupé vos pieces de la groffeur la plus commode à votre confommation ordinaire, prenez un
morceau après l'autre, & le falez deffus deffous & de tous côtés, bien
également par-tout, mais fans profu-
fion, afin que vos deux ou trois livres
de compofition faline fuffife aux cinquante livres de porc frais : il eft
même bon qu'il en refte un peu, afin
d'en remettre après fur les endroits
qui paroîtront les plus humides.

Ayez enfuite de grandes cruches
dont la bouche foit large, & les ayant

bien nétoyées avec de bon vinaigre , placez dans le fond un petit grillage en bois , qui laisse trois pouces de vuide entre lui & le fond de la cruche : cet espace est destiné à recevoir l'écoulement des humidités superflues que rend le cochon , de maniere que les pieces du fond n'y soient pas noyées , & n'y contractent aucun mauvais goût : sur ce petit grillage , arrangez vos pieces de petit salé côte à côte , de la maniere qui paroîtra la plus commode à les écouler sans se nuire réciproquement ; couvrez enfin la cruche avec une assiette de terre ou un plateau de fer blanc , autour desquels vous mettrez de la pâte faite avec de la farine & de l'eau , pour le fermer hermétiquement , & que l'air ne puisse y entrer.

Huit jours après , vous l'ouvrirez , & vous trouverez votre petit salé ferme , d'un rouge écarlate & d'une odeur charmante : on écoulera toute l'eau qu'il aura jeté au fond de la cruche.

On peut s'en servir tout de suite, & l'accommoder aux choux , aux navets, petits pois, ragoûts, purées, &c. Il faut avoir soin de remettre l'assiette sur la cruche , chaque fois qu'on y a pris ce qu'on veut , & l'envelopper tout simplement d'un torchon consacré à cela.

C'est ainsi que se fait à Bayonne & en Provence ce petit-salé cramoisi & savoureux, si recherché des connoisseurs : accomodé de la sorte, il est moins pesant que suivant les procédés ordinaires ; qui, à beaucoup près, ne peuvent lui donner autant de légéreté ni de saveur.

CHAPITRE X.

Préparation du Lard de Bayonne

AU rapport de tous les connoiſſeurs, c'eſt ſur les côtes de l'océan des environs de Bayonne, que le cochon s'y prépare de la maniere la plus ſucculente & la plus ſaine : les jambons & le lard qui viennent de cette ville, ſont les plus eſtimés de tout le royaume. Voici comment le lard s'y prépare.

Il faut enlever de deſſus le cochon la grande piece de lard qui ſe trouve de chaque côté des reins, depuis le col juſqu'aux cuiſſes, de maniere à atteindre juſqu'à la chair maigre, & à en enlever même un peu, mais très-légérement.

Pour ſoixante livres de lard, il faut

piler cinq livres de sel gris & une livre de cristal minéral.

Salez-les bien également dessus, dessous & sur les côtés, & faites en sorte d'y consommer vos six livres de sel en entier.

Montez vos pieces de lard dans un grenier aëré au nord, & placez-les l'une sur l'autre en piramide sur une planche, de sorte que toute l'humidité qui tombera de vos pieces, puisse s'écouler librement : si l'on s'apperçoit que quelques endroits viennent à blanchir, on les refrotera avec un peu de sel, & on les laissera au coulage jusqu'à ce qu'elles ne rendent plus aucune humidité par terre.

Enfin, pour achever de les sécher, on pourra les pendre au grenier à une corde moyenne attachée au milieu de la piece; & dans cet état, il se disposera parfaitement bien à pouvoir se garder longtems sans altération.

Cette méthode eſt préférable à celle de le placer à la cave, où il ne ſeche jamais bien, & conſerve un goût d'enfermé, qui nuit autant à ſa délicateſſe qu'à ſa ſalübrité.

CHAPITRE XI.

Préparation des Jambons de Bayonne.

Coupez vos jambons d'une belle forme, & les environnez cinq ou ſix tours avec une corde, pour les obliger à prendre la forme d'une poire; deſcendez-les trois jours dans une cave bien fraîche pour s'égoutter; & deux fois par jour, vous eſſuierez avec un torchon blanc toute l'humidité dont ils ſeront couverts.

Faites piler du ſel dans la proportion de deux livres : il faudra ajouter ſix onces de poivre; une once de

clous de gérofle, quatre onces de falpêtre ; le tout bien mélangé en poudre ; frotez-en vos jambons par-tout,
en mettant davantage dans les endroits qui feront les plus humides ;
vous les laifferez huit jours fe bien
pénétrer de cette faumure.

Enterrez enfuite vos jambons dans
de la lie de vin rouge, à laquelle on
ajoutera des fommités de fauge & de
romarin : il faut qu'ils y trempent
huit jours pleins ; fortez-les de la lie
& les preffez alors entre deux planches pour en faire fortir l'humidité ;
enveloppez-les avec du foin bien fec,
& les pendez dans une cheminée,
afin de les y parfumer deux ou trois
fois par jour avec du genievre brûlé :
on fera enforte que la fumée du bois
& des bayes de genievre les environnent par-tout.

Lorfqu'on verra qu'ils feront bien
féchés, on pourra les fortir de la cheminée

minée pour les pendre dans un grenier fec & aéré, où ils fe conferve-
ront tant qu'on voudra.

Cette préparation de jambon, eft
la meilleure & la plus délicate au
goût; mais cela ne lui ôte pas l'âcreté
& la pefanteur inféparable du cochon
falé : c'eft pourquoi les jeunes gens &
les perfonnes d'un tempérament billieux & chaud, doivent en manger
très-rarement, fur-tout en été.

CHAPITRE XLI.

Jambons falés de Provence.

Voici la maniere ordinaire de faire
les jambons en Provence, qui font fouvent auffi bons que ceux de Bayonne.

Faites fondre dans une petite cuve
moitié fel & moitié falpêtre, dans
moitié eau & moitié lie de vin ; lorf-

que cette faumure aura affez de force,
plongez-y vos jambons pendant quinze
jours, en les couvrant & les environ-
nant de feuilles de fauge, ferpolet
& romarin.

Les quinze jours expirés, fortez-
les de la faumure, & les preffez vigoureufement entre deux planches de
chêne, afin d'en faire écouler toute
l'humidité intérieure; effuyez-les bien
avec un torchon de leffive, & les
pendez enfuite dans une cheminée où
on faffe tous les jours du feu : il fera
meilleur, fi on le parfume quelquefois avec des plantes aromatiques.

Lorfqu'ils feront parfaitement fecs,
vous pouvez les porter dans la dépenfe, pourvu qu'elle foit feche &
bien aérée.

Ces fortes de jambons ont à-peu-
près la même faveur & les mêmes inconvéniens que ceux de Bayonne.

Si l'on s'apperçoit qu'ils blanchif-

sent en quelqu'endroit, on y remédie
facilement en frotant les taches avec
de l'eau-de-vie, & en y jettant ensuite de la cendre par dessus ; elle y
forme une croûte qui seche insensi-
blement l'humidité qui veut s'exhaler, & prévient toute espece de moi-
sissure & de corruption.

Le bon vinaigre blanc produit aussi
le même effet.

CHAPITRE XIII.

Saucissons d'Arles.

LES mortadelles ou saucissons d'Ar-
les, sont des pieces de chair de bœuf
& de cochon grosses comme le bras,
qui se conservent toute l'année : c'est
un des mêts les plus délicieux de la
Provence pour les déjeûnés d'hiver ;

auffi en envoie-t-on beaucoup dans la Capitale.

Choififfez un bon jambon de cochon, découpez-le par groffes tranches, & enlevez-en toute la chair pour la couper toute en petits quarrés de la groffeur des dez à jouer au trictrac; prenez fix livres de tranche de bœuf, que vous couperez de même, ainfi que fix livres de gras de cochon; féparez-en exactement tous les nerfs, les peaux & les filamens.

Sur vingt livres de ce mélange, vous mettrez une livre de fel pilé, une once de poivre en poudre, & une demi-once de poivre en gros grains : il faut répandre ces affaifonnemens également par-tout, & mélanger enfuite toutes ces viandes découpées, de forte que le gras fe trouve parfemé avec égalité parmi le maigre.

Choififfez les plus gros boyaux d'un cochon tué depuis peu, prenez les

plus droits, & les nétoyez bien à l'eau
froide de toute efpece d'ordure ; fai-
les tremper vingt-quatre heures dans
de l'eau-fel ; fortez-les le lendemain,
& les preffez bien entre vos doigts
pour en faire fortir toute l'eau ; effuyez-les avec une ferviette douce, &
les coupez de quinze pouces de longueur ; liez-les par un bout avec de
la petite ficelle cirée, & faites-y un
nœud folide & bien ferré ; mettez un
entonnoir à l'autre bout du boyau,
dont le bec foit large & bien ouvert,
& par fa bouche, faites entrer dans
vos boyaux vos chairs préparées, en
les y preffant de tems en tems avec
un bâton dont le bout foit plat : lorfque vous les aurez remplis bien fer-
rés, liez-les à l'autre bout, & les
faites fécher au grand air, pendus au
plancher d'une chambre aérée ; lorfqu'ils feront fecs, on pourra les def-

cendre à la cave pour qu'ils s'y conservent frais.

Lorsqu'on veut qu'ils aient plus de goût & de délicateſſe , il faut , après avoir achevé de les remplir , les enchaſſer dans un ſecond boyau de même groſſeur ; leur ſuc s'y conſerve mieux.

Tout le monde ſait que le ſauciſſon ſe mange tout cru , & ſe découpe par tranches : il eſt même du bon uſage de les couper minces , & d'en offrir pluſieurs.

Quoique cette production ſoit très-recherchée des gourmets , il eſt certain que ſon excès échauffe prodigieuſement les jeunes gens ſanguins & billieux ; quant aux autres conſtitutions , elles peuvent en faire uſage ſans aucun danger , ſur-tout en hiver , où l'eſtomac a beſoin d'un peu de chaleur.

CHAPITRE XIV.

Andouilles & Cervelas.

Les andouilles de ménage, pour garder tout l'hiver, se font avec chair de cochon, petit lard parsemé de petits morceaux de boyaux de cochon coupés par petits filets ; coupez le tout par petits morceaux : sur dix livre de chairs mélangées, ajoutez-y une demi-livre de sel, une demi once de poivre, & un peu de canelle ; le tout pilé.

Choisissez de petits boyaux de cochon bien nétoyés auparavant & trempés une nuit entiere dans du vin blanc ; exprimez en l'humidité, & les remplissez du mélange ci-dessus, sans trop les presser, parce que l'andouille se mangeant cuite, elle se

gonfle beaucoup au feu, & fe créve-
roit fi elle étoit trop pleine ; liez-les
bien des deux bouts , & les pendez
dans une cheminée pour y fécher à
une chaleur douce , fans les préci-
piter.

Lorfqu'elles ne feront plus humides , vous les enterrerez dans du fon
ou dans des cendres pour les y conferver fix mois.

On les mange cuites dans du bouillon ou dans du lait , ou fimplement
cuites à l'eau : elles poffedent au refte
les mêmes qualités que le fauciffon ,
quoiqu'à un degré moins éminent.

Les *Cervelas* fe compofent avec de
la viande de cochon bien tendre , de
la panne de porc , fel & poivre ; on
hache bien le tout enfemble, & on
en remplit tels boyaux que l'on veut ,
après les avoir bien nétoyés & préparés ; on les fait enfuite fécher dans

une cheminée : mais ils ne se conservent gueres au-delà de quinzaine, &
font meilleurs mangés dans la semaine.

Il y a de bons Cuisiniers qui ajou-
tent à leurs cervelas de la chair de
volaille, de lievre, de faisans, ou
des truffes, des marons, &c. cela
dépend de la fantaisie : ils en font
véritablement plus sains & plus délicats.

CHAPITRE XV.

Choucroûte Allemande.

Outre les légumes secs qu'on conferve toute l'annéé, tels que les pois,
aricots, feves, lentilles, &c. on peut
encore avoir des légumes plus frais
dans toutes les faisons, tels que des
pois verds, aricots verds, oseille,

choux - pommes, laitues, garnitures, &c. Commençons d'abord par
la choucroûte, ou maniere de préparer des choux verds, afin d'en avoir
de frais dans la morte-faison.

Il faut choifir un demi - cent de
choux-pommés, dont les cœurs foient
blancs, fermes, & pas encore entierement mûrs; on ôte d'abord les
groffes feuilles vertes, & on coupe
le chou par tranches horifontales,
minces de trois ou quatre lignes;
lorfqu'on les a tous découpés, on les
laiffe deffuer deux heures à fec dans
un baquet, après quoi on les preffe
vigoureufement entre deux planches
pour en faire fortir toute l'humidité
à force bras.

On les range enfuite dans un tonneau défoncé par un bout, qui foit
bien nétoyé & n'ait aucune mauvaife
odeur: il faut commencer par jetter
une poignée de fel au fond du ton-

neau , & y affeoir un lit de choux coupés par tranches, de maniere qu'elles
fe touchent par-tout , & ne laiffent
aucun vuide ; fur ce lit de choux, on
femera une poignée de fel pilé , mêlé
avec un peu de poivre en poudre ,
puis une feconde couche de choux ,
& ainfi alternativement une poignée
de fel & un lit de choux, jufqu'à l'entiere confommation des choux.

Le fond qu'on a enlevé du tonneau , doit être rogné fur fes bords ,
de maniere à pouvoir facilement entrer & fortir du tonneau fans s'accro-
cher nulle part ; étant difpofé de la
forte, on le mettra fur les choux , &
on le chargera de tous côtés avec
cinq ou fix groffes pierres pefant chacune foixante livres , afin que le fond
ferve de preffe aux choux , & les com-
prime parfaitement.

Avant la fin de la femaine , les
choux auront rendu beaucoup d'eau ;

qui furnagera au‐deffus du couver‐
cle, & bientôt après, il s'y formera
une croûte qui annoncera que la chou‐
croûte peut déja fe manger.

Lorfqu'on voudra en faire prendre,
il faudra faire décharger les pierres,
enlever le fond, prendre les choux
qu'on veut avec une grande cuiller,
& remettre fur le champ le fond fur
la choucroûte, en la chargeant de
pierres comme auparavant.

Sa préparation confifte à la faire
tremper deux heures dans de l'eau
tiede pour deffaler les choux ; on les
lave enfuite dans deux eaux fraîches,
après quoi on les accommode, foit
avec des perdrix, du petit lard, du
jambon ou des fauciffes, ou de telle
maniere qu'on veut.

C'eft un des mêts favoris des Al‐
lemands, & dans le vrai il eft ex‐
cellent quand il réuffit bien, & réu‐
nit de plus l'agrément d'être très‐fain

à tous les tempéramens : il n'y a que
l'excès qui puiſſe en êrre nuiſible.

CHAPITRE XVI.

Choux-fleurs & Choux rouges confits.

Ces deux eſpeces de choux ſe conſervent très - bien dans le vinaigre:
voici comment.

Il faut les faire blanchir en eau
bouillante pendant un quart-d'heure,
après les avoir coupés en morceaux ;
ſortez-les de l'eau & les laiſſez s'égoutter ſur des linges blancs ; lorſqu'ils
auront jetté leur eau, rangez-les dans
une grande cruche, ſans trop les preſ-
ſer ; ajoutez-y quelques clous de girofle, quelques poignées de ſel, &
finiſſez par remplir la cruche de bon
vinaigre blanc, juſqu'à ce qu'il ſur-
nage d'un doigt au-deſſus des choux.

Lorfqu'on voudra en manger après trois femaines, il faut les faire tremper une demi-heure dans de l'eau fraîche, les égouter & puis les accommoder de telle maniere que l'on voudra: ils font fains, rafraîchiffans & bons dans toutes fortes de ragoûts.

N. B. S'ils viennent à contracter un goût déplaifant, il faut les changer de vinaigre.

CHAPITRE XVII.

Aricots verds toute l'année.

CHOISISSEZ les jeunes & tendres, qui ne foient pas encore parfaitement murs, coupez en les deux bouts & filandres qui font de chaque côté, faites-les blanchir deux minutes dans l'eau bouillante, & en les fortant, jettez-les dans l'eau froide, afin qu'ils ne perdent pas leur verdure ; lorfqu'ils feront bien refroidis, vous les en fortirez, & les effuierez bien entre deux linges ou ferviettes vieilles, afin de les égouter & les effuyer parfaitement.

Tandis qu'ils fe fechent, il faut compofer une eau-fel compofée dans la proportion de douze pintes d'eau, quatre pintes de bon vinaigre, trois livres de fel pilé, une demi once de poivre en poudre, & quelques clous de girofle ; faites bouillir le tout une demi-heure dans un chaudron, jufqu'à ce que tout le fel foit exactement fondu.

Rangez vos aricots verds dans une cruche à provifion, fans trop les comprimer, & lorfqu'elle en fera pleine au trois quarts, verfez deffus votre faumure, deforte qu'elle furnage d'un ou deux pouces au-deffus de vos aricots ; verſez enfin un demi-pouce d'huile d'olives au-deſſus, afin que l'air ni la moiſiſſure ne les attaque jamais ; & par ce moyen, vous les conſerverez l'année entiere.

Si au bout d'un mois, on s'apper-çoit que la ſaumure ait pris un goût déſagréable, ou qu'elle ait perdu de ſon ſel, il faut en verſer deux pin-tes, & les remplacer avec d'excellent vinaigre, en y ajoutant deux petites poignées de ſel.

Pour en faire uſage, il faut en ſortir ce qu'on veut avec une cuiller d'argent, jamais avec les doigts : on les fait tremper une demi-heure dans de l'eau bien chaude, on les lave enſuite dans l'eau froide, & on les fait cuire pour les accommoder comme on les aime le mieux.

Ils ont certainement le coup-d'œil très-agréable ; mais ils conſervent toujours un goût de vinaigre qui n'eſt

pas du goût de tout le monde, quoiqu'il foit affez fain, ceux qui ne l'aiment point, pourront les faire fécher
& les conferver verds toute l'année,
de la maniere fuivante.

CHAPITRE XVIII.

Autre maniere de fécher des Aricots verds
toute l'année.

CHOISISSEZ vos aricots comme les
précédens, épluchez-les, faites-les
blanchir, reverdir à l'eau froide, fécher & effuyer de même.

Ainfi préparés, enfilez-les avec du
fil blanc l'un après l'autre, pour en
faire comme des chapelets de trois
ou quatre pieds de longueur ; placez-
les fur de petites claies d'ofier, & mettez-les dans le four après que le pain
en aura été tiré, pour les y laiffer juf-

qu'au lendemain ; fortez les pour les mettre dans une chambre aérée & féche deux jours feulement ; le troifieme jour il faut faire allumer le four, y faire un feu très modéré, & lorfqu'il eft chaud, le nétoyer pour y replacer vos aricots une feconde fois, & les y laiffer cinq ou fix heures : vous connoîtrez qu'ils font fuffifamment fecs, lorfqu'en fortant du four ils caffent comme un verre en les ployant entre les doigts ; s'ils fléchiffent fans fe caffer, c'eft une preuve qu'ils ont befoin d'être remis une troifieme fois au four, deux jours après ; ce qu'on exécutera de la même maniere que la précédente.

Lorfqu'ils feront parfaitement fecs, on les fufpendra au plancher d'une chambre bien fermée ou d'une dépenfe qui ne foit pas humide.

Lorfqu'on veut s'en fervir, on les fait tremper une heure dans de l'eau bouillante, on en retire le fil fans les brifer, & ils reviennent auffi verds que le jour qu'on les a cueillis, & réuniffent l'agrément de n'avoir aucun goût de fel ni de vinaigre, & d'être auffi fains que délicats.

CHAPITRE XIX.

Culs d'Artichauds & Concombres confits à l'eau-fel.

IL faut fuivre exactement la méthode du chapitre XVII pour confire les aricots verds, en obfervant feulement que les concombres, pelés & dépouillés de leurs graines, doivent refter moins de tems à blanchir que les culs d'artichauds ; quant à la préparation & à la faumure, ce font les mêmes détails qu'il faut fuivre en tout point.

Ces deux efpeces de légumes fe
confervent très-bien confits, & donnent des reffources abondantes pour
garnir toutes fortes d'entrées en hiver : il fuffit de les faire deffaler à
l'eau tiede, pour les employer enfuite à la garniture de toutes fortes de
mêts ; on en fait même des plats d'entre-mêts très-délicats, & fur-tout des
beignets & fritures très eftimées des
connoiffeurs.

CHAPITRE XX.

Céleri, Oignons, Betteraves confervés frais.

ON conferve longtems ces trois efpeces de légumes, en les enterrant
dans du fablon dans une ferre ou une
cave fraîche : mais comme on ne peut
pas les conferver toute l'année de

cette maniere , on peut les confire à l'eau-fel , mêlée avec un quart de bon vinaigre.

Il fuffit pour cela de les faire blanchir cinq minutes dans l'eau bouillante avant de les mettre dans la faumure. Le céléri doit être bien épluché & coupé par petits morceaux de quatres pouces de longueur ; les petits oignons s'épluchent & fe confifent entiers ; les gros fe coupent en quatre ; enfin , les betteraves réuffiffent mieux dans la faumure, lorfqu'on les a fait cuire cinq ou fix minutes fous des cendres brûlantes , qu'on les a bien dépouillées de leur groffe enveloppe , & coupées par groffes tranches dans une cruche à part où il n'y ait point d'autres légumes : comme elle eft fade naturellement, il eft bon de forcer un peu de fel & de vinaigre , pour les relever & les conferver toujours d'un beau cramoifi.

Les betteraves blanches fe confervent de la même maniere , & veulent être confites dans de bon vinaigre blanc , mêlé de fel , d'eau & de
macis : elles y prennent un blond
doré fuperbe , & fe deffalent de la
même façon quand on veut les préparer ; foit en ragoût, foit pour garnir
des falades.

Au refte, pourvu que tous ces genres de légumes perdent leur fel &
l'âcreté du vinaigre dans les eaux douces qu'on emploie à les deffaler , il
n'eft pas douteux que ces légumes ne
foient de bonne qualité, & ne four-
niffent quantité de plats agréables.

CHAPITRE XXI.

Epinards, Oseille, Pourpier, Chicorée conservés verd pendant six mois.

IL faut les éplucher, les faire blanchir deux minutes & les jetter dans l'eau froide, & les sécher entre deux serviettes à demi-usées, en les comprimant légerement sans les essuyer : lorsqu'ils seront également secs partout, on les confira dans la saumure des aricots verds, dont la préparation se trouve au chapitre XVII ; & moyennant un pouce de bonne huile d'olives au-dessus de la saumure, dans laquelle vos légumes nageront à l'aise, on est sûr de les conserver toute la morte-saison, où les jardins potagers n'en donnent pas de verds.

Il est certain qu'ils ne sont pas aussi

sa voureux que ceux qu'on recueille en été; mais ils sont exactement verds, & se conservent de maniere à les manger bons dans tous les tems.

CHAPITRE XXII.

Asperges, Houblon & Cardons confits en verd.

C ES trois especes de légumes se nétoient, blanchissent & confisent de la même maniere que les précédens, & se conservent très-bien dans la saumure chapitre XVII; ce sont même ceux qui, avec les culs d'artichauds, y réussissent le mieux: ils sont encore meilleurs de la maniere suivante.

CHAPITRE

CHAPITRE XXIII.

Artichauds conservés verds tous entiers toute l'année.

CHOISISSEZ de jeunes artichauds tendres & petits, dont les feuilles soient bien ramassées, faites-les blanchir dix minutes à l'eau bouillante, pour en ôter le foin; remettez-y les feuilles du milieu, que vous avez enlevées pour séparer le foin, & les liez avec un fil blanc l'un après l'autre, afin que les feuilles s'y conservent sans s'éparpiller.

Rangez-les dans une petite cruche, & lorsqu'elle en sera remplie jusqu'à trois doigts du bord, vous la remplirez avec de bonne huile d'olives, qui les surnage d'un bon pouce; couvrez la cruche d'une affiette, & la portez dans la dépenfe.

C'eft de toutes les manieres de confire les légumes, la plus fûre, la plus faine & la plus propre à leur con-ferver toute leur faveur : quoique la dépenfe en paroiffe d'abord effrayante, elle n'eft pas auffi confidérable qu'elle le paroît, parce que l'huile qui a fervi à confire vos artichauds, n'a rien perdu de fa bonté, & peut également s'employer aux falades, ragoûts, fri-tures, &c. Ce n'eft donc qu'une pre-miere avance qu'il en faut faire, pour s'affurer à peu de frais l'agrément d'avoir des artichauds excellens & parfaitement verds toute l'année.

Les afperges, culs d'artichauds & autres gros légumes confits à l'huile pure, font également délicieux, & d'une falubrité qui ne laiffe rien à defirer.

CHAPITRE XXIV.

Champignons , Mousserons & Morilles confits en verd.

Ces trois sortes de productions , dont les goûts bizares sont assez généralement recherchés , se préparent de deux manieres ; l'une à l'eau-sel & au vinaigre , l'autre avec de l'huile pure, dans laquelle ils se conservent très-longtems dans toute leur bonté , lorsqu'ils ont été auparavant nétoyés & bouillis un quart-d'heure dans l'eau : on les égoute , les seche entre deux serviettes , & après les avoir arrangés dans une cruche, on les couvre, ou de bon vinaigre , ou mieux encore avec de l'huile d'olives.

La premiere méthode coûte moins , mais elle a l'inconvénient d'altérer le

goût des champignons & des morilles, au lieu que l'huile les adoucit &
leur conserve parfaitement toute leur
délicatesse.

CHAPITRE XXV,

Cornichons , & Capres , Gousses de
Giroflée & Graines de Capucines.

CES quatre menus objets offrent
des assiettes d'hors-d'œuvres charman-
tes, qui aiguisent l'appétit, & sont
vraiment agréables.

Les *Cornichons* doivent être choisis
d'un beau verd, petits, ou tout au
plus gros comme le doigt ; on les es-
suie bien avec un torchon blanc, jufqu'à ce qu'ils n'aient plus de terre,
& que le duvet cotonneux qui les environne, soit entièrement enlevé.

Les *Capres* s'effuient de même, & ne doivent fe blanchir que le lendemain qu'on les a cueillis.

Les *Gouffes de Giroflée* doivent être choifies jeunes, tendres, d'un beau verd, & fe caffent facilement lorf-qu'on les ploie : on les effuie bien, & on les laiffe paffer la nuit entre deux ferviettes feches.

Les *Capucines* exigent moins de préparations : on les nétoie, on les effuie & on les jette tout unimént dans du vinaigre rouge coupé avec moitié d'eau-fel, & cinq où fix femaines après, on les écoule entiere-ment, & on les recouvre de bon vi-naigre blanc, où elles fe confervent facilement toute l'année, & peuvent fuppléer aux capres de maniere à s'y tromper quant au goût.

Les *Cornichons*, *Capres* & *Gouffes*

de *Giroflée* veulent être blanchis dans
l'eau bouillante : ils doivent y bouillir
un bon quart-d'heure ; on ôte le chaudron du feu, & on les laisse refroidir
dans la même eau, en y jettant un
verre de vinaigre ; à mesure que l'eau
se refroidit, on les voit redevenir
d'un beau verd : il ne faut les écouler
de l'eau, que lorsqu'ils y auront repris leur premiere couleur.

Ecoulez-les & les rangez tous pêle-
mêle dans un baquet ; ayez une livre
de sel pilé, & poudrez-les de sel sans
leur donner d'eau ; laissez-les se bien
dégorger dans le sel pendant vingt-
quatre heures, après quoi vous les en
sortirez pour les mettre dans du vinaigre blanc, où vous les conserverez
toute l'année d'un verd superbe &
d'un goût excellent.

Lorsqu'ils sont bien faits, ils doivent se couper net sous la dent lorsqu'on mord dedans. C'est, je pense,

la maniere de les faire la plus agréable
à l'œil & la plus saine ; & quoique
ces fortes d'hors-d'œuvres ne fournif-
fent pas de fucs reftaurans, ils ont
l'avantage de favorifer la digeftion
des autres alimens , lorfqu'on en
mange avec une jufte modération ;
enfin , comme ces productions fervent
à garnir une table , & à affaifonner
& orner beaucoup de ragoûts d'entrées ; &c. il eft certain qu'on ne doit
pas négliger de fe procurer tous les
petits avantages qui coûtent peu de
chofe à les faire chez foi , & reviennent très-cher lorfqu'il faut fe les procurer à prix d'argent.

CHAPITRE XXVI.

Maniere de conserver les Truffes fraîches toute l'année.

LES meilleures truffes font celles qui nous viennent du Dauphiné & de la Provence : elles doivent être rondes, groffes, l'écorce bien dentelée, & l'intérieur d'un beau brun marbré de veines blanches ; l'odeur en eft fuave & aromatique, & fe conferve très-longtems dans les boëtes ou vafes où elles ont été pofées.

Après avoir fait choix du nombre qu'on veut en garder, il faut les faire bouillir une demi-heure dans de bon vin de Bourgogne, enfuite on les pele légerement, on les effuie bien, & on les coupes par tranches dans une cruche de terre verniffée en dedans.

Enfin, on verfe fur toutes ces tranches de bonne huile d'olive, qui les furnage d'un pouce ; on couvre la cruche avec un affiette enveloppée d'un linge, & on les conferve ainfi l'année entiere fans altération.

Quant à l'huile, bien loin d'être gâtée, elle prend le goût fuave des truffes, & communique aux falades & aux ragoûts un goût exquis, très-eftimé, que les étrangers qui l'ignorent, croient être le goût renommé de l'huile de Provence.

CHAPITRE XXVII.

Truffes confervées au fec.

Les perfonnes qui aiment les truffes, & qui redoutent le goût de l'huile, préferent les conferver au fec. En voici la maniere.

Faites-les bouillir une demi-heure dans de bon vin rouge vieux, laissez-les s'égouter, essuyez-les entre deux serviettes, sans les meurtrir; coupez-les par tranches de l'épaisseur d'un écu de six francs; éparpillez-les sur une claie, & les mettez dans un four de Boulanger, après que pain en est sorti; car si le four étoit plus chaud, il surprendroit les truffes & les calcineroit: il faut les y laisser trois ou quatre heures, en observant de les sortir toutes les demi-heures pour les remuer avec la main, & faire revenir au-dessus celles qui se trouvent au fond, afin que toutes se sechent également.

On les laissera reposer dans la claie toute la nuit; le lendemain au matin, on enfilera toutes les tranches de truffes avec du fil blanc & une aiguille, pour en former des chapelets de la longueur que l'on voudra.

Deux jours après , on les remettra
fur la claie , & on les expofera une
feconde fois dans le même four ,
après qu'on en aura forti le pain ; on
les y laiffera encore trois heures : enfin , on les en fortira pour les pendre
à des cloux qu'on mettra au plancher,
foit dans un coin de la cuifine , foit
dans une dépenfe feche & à l'abri de
toute efpece d'humidité.

Quoiqu'on puiffe , par ce procédé ,
conferver des truffes toute l'année , &
que mifes en ragoût , elles foient prefqu'auffi agréables que les truffes fraîches , il eft cependant certain qu'elles
n'ont jamais les fucs ni le parfum
fuave des truffes fraîches confervées
dans l'huile , parce que la chaleur du
four les leur a fait perdre en les féchant : elles font par conféquent encore plus indigeftes que les fraîches ,
& n'ont précifément d'autre mérite
que celui de flatter le palais & l'odo-

rat ; car les sucs en sont très-échauf-
fans, & le chyle qu'elles nous donnent, n'est propre qu'à enflammer le
sang, ou à causer de violentes indi-
gestions , pour peu qu'on passe les
bornes de la sobriété.

CHAPITRE XXVIII.

Lait en poudre , ou moyen d'avoir en
poudre du bon lait , qui se conserve
longtems sans altération.

A voir combien le lait de vache
se corrompt facilement , on croiroit
qu'il est impossible de le garder trois
jours sans qu'il se gâte : voici cependant un moyen très-sur de le conserver près d'un an sans qu'il s'aigrisse
jamais.

Faites traire devant vous vingt
pintes de lait de vache, caillez-le

sur le champ avec de la preſſure ou de
la fleur de chardon, & du moment
qu'il ſera caillé, donnez-y cinq ou ſix
coups de cuiller qui aillent juſqu'au
fond de la terrine, afin que le petit-
lait s'en ſépare promptement ; dès
qu'il commencera à paroître, il faudra
ſortir le caillé de la terrine & le mettre dans une grande poële à confitures.

Poudrez toute la ſurface du caillé
avec de la fleur de farine très-fine,
dans la proportion de quatre ou cinq
onces ſur vingt pintes de lait ; battez
bien tout le caillé pendant une demie-
heure, afin que la fleur de farine s'y
amalgame parfaitement ; mettez le
poëlon ſur un feu de charbon modéré ;
& ſans jamais le faire bouillir, vous
l'échaufferez par degrés juſqu'à ce
qu'il ſoit ſeulement très-brûlant &
qu'il rende beaucoup de fumée ; vous
continuerez ainſi d'entretenir le feu

dans le même degré de force pendant
sept à huit heures, afin que toute l'humidité du lait s'évapore, & qu'il
s'épaississe beaucoup.

On aura attention de le remuer souvent avec une cuiller d'argent, pour
en faciliter l'évaporation, jusqu'à ce
qu'il soit devenu aussi épais que de
la pâte de guimauve ou de la pâte de
farine, telle qu'elle est lorsqu'elle est
paîtrie & prête à être mise au four.

Otez alors le poêlon du feu, &
sortez en toute la pâte de lait, pour
la mettre sur une claie d'osier neuve,
qui n'ait jamais servi à rien déposer;
étendez-la grossierement dessus, & la
mettez dans un four peu chaud, tel
qu'il est lorsqu'on en sort le pain cuit;
laissez-y la pâte de lait jusqu'au lendemain matin, en y regardant de
temps en tems, pour s'assurer que le
four ne soit pas trop chaud; car pour
peu que la chaleur fût trop vive, la

pâte prendroit auffi-tôt une couleur
de citron qui la gâteroit beaucoup.

On lui confervera facilement un
beau blanc, pourvu qu'on la remette
feconde fois au four, toujours à chaleur modérée, & on ne ceffera de l'y
mettre, que lorfque la pâte fera de-
venue dure comme du fucre ; alors
on la retirera, & on la fera piler
tout de fuite dans un mortier de
marbre ; car ceux de bronze lui communiquent un goût de métail qui eft
déteftable : enfuite on la paffera au
tamis, & on en mettra la poudre dans
des Caraffes de verre ou de grandes
bouteilles de verre blanc, qu'on bouchera hermétiquement avec un bou-
chon de liege & un chapeau de parchemin.

Il fe conferve ainfi jufqu'au renouvellement des herbes de mai, & lorfqu'on veut la convertir en lait, on en
délaie une once en poudre dans un

demi-verre d'eau tiede ; & lorsqu'elle est bien détrempée, on acheve de la délayer avec une chopine d'eau tiede, & on le met sur le potager avec un feu doux, pour qu'elle acheve de s'y fondre parfaitement : on aura attention de la remuer toujours avec une cuiller d'argent, jusqu'à ce qu'il commence à bouillir & à s'élever en bouillonnant ; ôtez-la du feu, laissez-la refroidir, & l'employez à tous les usages du lait ordinaire.

Quoiqu'il soit moins rafraîchissant & moins nourrissant que le lait frais, ce moyen est toujours agréable pour le conserver dans les lieux où le lait est rare, & ne donne que pendant un tems de l'année.

Il faut que les flacons qui le contiennent, soient tenus dans un lieu bien sec.

_____

CHAPITRE XXIX.

Moyen de conferver le Beurre frais pendant un mois.

Aussitôt que le beurre est bien battu, mettez-le dans une terrine & le couvrez d'eau fraîche de maniere qu'elle furnage d'un doigt au-deffus, & pofez la terrine à la cave ou dans l'endroit ie plus frais de la maifon.

Le lendemain matin, jettez l'eau de la terrine, & coupez tout votre beurre en morceaux, qui foient tout au plus de la groffeur d'une pomme de reinette ; mouillez vos mains dans l'eau fraîche, & roulez chaque morceau de beurre entre vos mains, en le preffant dans tous les fens, afin d'en exprimer le refte de petit lait qu'il peut renfermer encore ; donnez lui enfin la forme d'un œuf, & les jettez dans une terrine pleine d'eau fraîche.

Faites-en autant à chaque morceau, & lorsque vous aurez fait la même opération à tous, mettez quelques petites branches de bois de frêne en travers, pour retenir le beurre sous l'eau, de sorte qu'il en soit entierement couvert.

Il suffit ensuite de changer l'eau chaque jour, & de faire la même préparation au beurre deux fois par semaine.

C'est ainsi que les Pâtissiers conservent du beurre tout l'hiver, & qu'ils en vendent de frais dans la morte saison, qui souvent a été fait il y a plus de deux mois.

Quoique ce beurre ne puisse jamais être aussi frais & aussi nourrissant que celui qui a été battu de la veille, il n'en est pas moins salutaire & propre à former un bon chyle : l'expérience

a même prouvé que pour faire de la
pâtiſſerie bien feuilletée , il réuſſiſſoit
mieux , ainſi préparé , que celui qui
étoit le plus frais ; il eſt bon cependant qu'il ne ſoit gardé qu'un mois,
quoiqu'il ſoit très-poſſible de le conſerver juſqu'à trois mois.

Quant à la préparation du beurre
ſalé , j'ai donné la meilleure maniere
dont on ſe ſervoit pour le préparer
en Bretagne ; on pourra donc y avoir
recours pour les campagnes , où l'abondance du lait & du beurre offre la
facilité d'en faire en été la proviſion
d'hiver.

CHAPITRE XXX.

Maniere de conserver des Oeufs pendant six mois.

CHOISISSEZ en été les œufs les plus frais, bien pleins, transparens, ayant le moins de germe possible; faites fondre trois onces de cire blanche dans une demi-livre d'huile d'olive, laissez refroidir le tout, & prenant au bout du doigt un peu de cérat, frottez-en tous vos œufs l'un après l'autre bien également par-tout, de sorte qu'il ne reste aucun endroit sur vos œufs qui n'en soit frotté.

Ayez ensuite une petite cuve de bois, au-dessous de laquelle il y ait un robinet qu'on puisse ouvrir à volonté; assoyez-là dans un lieu & situation commode à en faire écouler l'eau quand vous le voudrez ; rangez-y vos œuf préparés, en formant d'abord un premier lit au fond de la cuve, puis un second sur le premier, & continuant toujours jusqu'à ce que tous vos œufs aient été placés.

Le robinet de la cuve étant fermé, verfez-y plusieurs sceaux d'eau, jusqu'à ce qu'elle surnage de trois travers de doigt : il suffira pour lors de laisser écouler tous les jours la moitié de l'eau qui est dans la cuve, & de la remplacer sur le champ avec autant d'eau très - fraiche ; & par ce seul moyen, on parviendra à conserver des œufs.très-longtems, & ils feront très-pleins, & presqu'aussi laiteux & aussi délicats que les œufs pondus de la veille.

Quoique ce procédé m'ait complettement réussi, je me suis cependant apperçu que dans le nombre des œufs de la cuve, il y en avoit quelques-uns qui étoient moins laiteux que les autres ; cela m'engagea à n'en préparer l'année suivante que ceux qui étoient frais du jour même , & de ne préparer au cérat , & placer dans ma cuve , que ceux dont j'étois parfaitement certain.

Cette précaution a eu le plus heureux succès, & sur cinq cents œufs ainsi choisis , il ne s'en est trouvé que trois d'altérés , & cela, parce qu'ils étoient légerement fendus , & que l'eau avoit filtré au travers de la coque.

Quant à leur salubrité , je pense qu'au défaut des œufs frais, ceux-ci ne laissent presque rien à desirer.

Ce moyen est très-avantageux pour manger en hiver des œufs à aussi bon marché qu'en été.

Fin du Tome premier.

TABLE

DES CHAPITRES

CONTENUS EN CE VOLUME.

TABLE

LIVRE II.

Des Bouillons, Gelées & Consommés.

Chap.

DES CHAPITRES. 457

Tome I. V

LIVRE III.

Des Potages Gras & du Bœuf à l'Angloife.

LIVRE IV.

Des Sauces en général, & l'Art d'extraire des Animaux les Sucs les plus Salutaires & les plus délicats.

LIVRE VI.

L'Art de conserver des Viandes, des Volailles & des Légumes frais toute l'année.

Fin de la Table.